Fungipedia
버섯

Fungipedia
버섯

로렌스 밀먼 지음
에이미 진 포터 그림
김은영 옮김

한길사

Fungipedia:
A Brief Compendium of Mushroom Lore
By Lawrence Millman and Amy Jean Porter

설령 독버섯이라 할지라도
나를 놀라게 하고 즐겁게 하고
때로는 겸손하게 만드는 힘을 가진
세상의 모든 버섯에게 이 책을 바칩니다.

세상은 버섯에게 달려 있다.
버섯이야말로 세상 만물의 윤회에
중요한 역할을 하기 때문이다.
– E.O. 윌슨

버섯에게 정성을 들이면
다른 모든 일들은 저절로 풀린다.
– A.R. 애먼스

버섯이 버섯으로 생겨나는
바로 그 순간을 목격한다는 것은
그야말로 환상적인 일이다.
– 존 케이지

언젠가는 균학이
비뇨기학을 넘어설 것이다.
– 브라이스 켄드릭

일러두기

- 이 책은 Lawrence Millman이 쓴 *Fungipedia*(Princeton University Press, 2019)를 번역한 것이다.
- 독자의 이해를 돕기 위해 각주에 옮긴이주를 넣고 '—옮긴이'라고 표시했다.

글을 시작하며

"아무리 하찮은 균이라도 우리와 다름없는 생명체의 모습을 보여준다."

헨리 데이비드 소로^{Henry David Thoreau}가 1858년에 펴낸 책 『일기』^{Journal} 속의 글귀다. 그가 평소에 어떤 혜안을 갖고 있었는지를 보여준다. DNA를 계통발생적으로 분석한 최근의 연구를 통해 생명의 나무에서 균이 뻗어나간 진화의 가지는 인간이 뻗어나간 가지와 놀랍도록 가깝다는 사실이 알려졌다. 이 책을 읽고 있는 독자들은 자신이 저녁으로 먹으려던 꾀꼬리버섯^{Cantharellus cibarius}과 자신이 공통의 조상을 가지고 있으며, 그 공통의 조상은 오늘날 바다에서 살고 있는 깃편모충[1]과 별반 다르지 않은 생명체라는 것 역시 같은 연구로부터 알 수 있다.

그러나 균계에 속하는 생물체와 인간과의 유사성은 단지 유전학적인 것만은 아니다. 균에 속한 버섯도 우리도 엽록소라고 하는 색소를 갖고 있지 않기 때문에 햇빛이나 이산화탄소로부터 직접 당분을 만들 수 없고, 따라서 산 것이든 죽은 것이든 동물이나 식물로부터 생존에 필요한 먹을거리를 얻어야 한다. 버섯도

---

1) choanoflagellate: 깃 모양 돌출부와 편모를 갖춘 단세포 원생동물―옮긴이.

인간도 이런 것들을 먹고 소화시키는 데 필요한 특별한 효소를 진화시켜왔다. 사람은 먹을거리들을 입에 넣어 씹어 삼키는 반면, 버섯은 먹이를 액체 형태로 바꾸어서 섭취한다는 게 다를 뿐이다.

먹을거리에 대해 말해보자. 사람들 중에서도 입맛이 매우 까다로운 사람들이 있지만, 버섯 중에서도 일부는 극히 까다롭게 먹을 것을 고른다. 헤르포미세스 스틸로피게*Herpomyces stylopygae*라는 종은 바퀴벌레의 더듬이에 난 털만 먹는다. 케팔로스포리움 라멜라이콜라*Cephalosporium lamellaecola*라는 종은 동굴에 생기는 종유석의 끄트머리만 먹고산다. 사상균강에 속하는 일부 종은 모기 유충 같은 수중 절지동물의 뒤창자 속에서 살고, 새로 발견된 종인 알리키필라 불가리스*Aliciphila vulgaris*는 말코손바닥사슴의 소변으로 젖은 낙엽에서만 발견된다. 하지만 이런 기질2)도 우크라이나 체르노빌 핵발전소의 잔해에 비하면 굉장히 우아한 먹을거리라고 할 수 있다. 체르노빌의 폐허에는 지금도 잔류 방사능을 먹고 사는 곰팡이나 버섯이 수없이 많다.

곰팡이와 버섯을 포함하는 균과 호모 사피엔스가 얼마나 비슷한지를 생각한다면, 사람과 균의 관계를 식물과의 관계와는 다르게 연관 짓는 것도 당연하다. 곰팡이나 버섯은 사람들에게 공포

---

2) substrate: 미생물의 에너지원이나 영양원으로 사용되는 물질—옮긴이.

에 가까운 반응을 일으키기도 하지만 반가움을 느끼게 하기도 하고, 가끔은 의인화[3]되기도 하며, 영화나 만화에서는 괴물로 등장하기도 한다. 버섯을 우표 도안으로 쓰기도 하지만 혐오의 대상[4]으로 보기도 한다. 그리고 마법의 버섯을 '신의 아이들'이라 불렀던 마자텍족의 치료사 마리아 사비나^Maria Sabina에게서 볼 수 있듯이 버섯을 신격화하기도 한다. 버섯은 애니메이션에서도 큰 역할을 한다. 월트 디즈니는 「판타지아」라는 시리즈 애니메이션에서 광대버섯^Amanita muscaria을 춤추는 버섯으로 등장시켰다. 하지만 우아하게 몸을 흔드는 갈대나 왕골에게는 아주 작은 역할조차 주지 않았다.

버섯이 어떻게 이 세상에 나타났을까 하는 궁금증은 인간의 상상력을 자극했다. 리투아니아에서는 한때 버섯을 벨니아스의 손가락으로 여겼다. 발트 지역에서 죽은 자의 신으로 여겨지는 벨니아스는 가난한 자들을 먹이기 위해 땅속으로부터 올라오는 외눈박이 신이다. 인도, 방글라데시와 동아시아 곳곳에서는 지금도 오줌 싸는 개에게서 버섯이 유래되었다고 믿는다. 사실 이런 믿음보다도 버섯은 지상이나 지하 세계에서 온 것이 아니라 천상으로부터 온 것이라는 믿음이 더 일반적이다. 고대 그리스인들은

---

3) 러시아에서는 나이가 많은 사람을 '말린 버섯'이라고 부른다.
4) 고대 그리스의 의사 니칸데르(Nicander)는 버섯이 '땅에서 올라온 사악한 기운'이라고 주장했다.

제우스 신의 번개가 꽂힌 자리에 뿌려진 씨앗에서 버섯이 난다고 믿었다. 고대 페르시아 전설에서는 하늘의 여신이 바지에서 털어 낸 머릿니가 버섯이 되었다고 믿었고, 캐나다 북극 지방에 사는 이누이트들은 버섯을 별똥별의 똥이라고 믿었다. 툰드라 지역에서 밤하늘에 별똥별이 긴 꼬리를 그으며 지나간 다음 날 아침이면 버섯이 올라와 있는 날이 많았기 때문이다. 하지만 정원에 핀 국화나 수선화를 별똥별의 똥이라고 말하는 사람은 아직 보지 못했다.

앞의 문장에서 '버섯'이라는 단어를 썼다. '버섯'은 보통 우산 모양의 자실체[5]와 갓 아래 포자 또는 주름이 있는 곰팡이를 가리킨다. 그물버섯*Boletus edulis*, 양송이버섯*Agaricus bisporus*, 아름답지만 치명적인 긴독우산광대버섯*Amanita bisporigera* 등을 예로 들 수 있다. 효모는 버섯이 아니라 균이다. 녹병균, 구멍장이버섯, 흰곰팡이, 말불버섯, 빵곰팡이, 다형콩꼬투리버섯 등도 모두 균에 속하지만 버섯은 아니다. 학술 논문을 쓰는 사람이 아니라면 이런 구분은 사실 중요하지 않다. 하지만 진짜 논문을 쓰는 사람이라면 다형콩꼬투리버섯을 버섯으로 분류하면 안 된다. 꼭 학술적이지는 않은 이 책, 『Pedia A-Z: 버섯』에서는 버섯이나 균, 곰팡이라는 이름을 섞어서 쓰기로 한다. 가능하다면, 라틴어 학명보다는 다형콩꼬투리버섯,

---

5) fruiting body: 번식을 위해 균사가 모여 이룬 덩이—옮긴이.

긴독우산광대버섯 같은 일반 명칭을 더 자주 쓰도록 하겠다.

또 '아마도' '어쩌면' '대개' '전형적으로' '일부는' 등과 같은 말도 자주 쓰게 될 것이다. '균학'을 뜻하는 'Mycology'는 '균'을 뜻하는 그리스어 mycos와 '담론'을 뜻하는 logon에서 왔는데, 균학은 다른 학문에 비해 상대적으로 역사가 짧은 학문이고 여러모로 연구가 덜 되어 있는 분야다. 또한 균학의 거의 모든 규칙에는 예외가 있다. 예를 들면, 침엽수에서 산다고 알려진 균이라도 가끔씩 활엽수에서 사는 것이 발견되거나 그 반대의 경우도 볼 수 있다. 어쩌면 균사가 실수를 저질러서 그렇게 됐는지도 모른다. 아니면 기후 조건이 열악해져서, 풍랑을 만난 배가 아무 항구에나 배를 대듯이 아무 나무에나 가서 살게 된 것일 수도 있다. 우리 인간들을 헷갈리게 만들어서 겸손의 미덕을 가르치려고 그랬을 수도 있고. 균의 표본을 오랜 시간 들여다보며 연구한 사람이라면 버섯을 의인화한 마지막 설명에 고개를 끄덕일지도 모른다!

어쩌면 나의 독자님은 지금쯤 꾀꼬리버섯 요리를 끝내고 이걸 오믈렛에 얹어서 먹을지, 스테이크에 곁들여 먹을지, 그도 아니라면 수프에 섞어 먹을지 고민하고 있을지도 모르겠다. 그 고민의 답을 찾자면 요리연구가에게 물어보는 게 낫지, 이 책을 뒤적여서는 안 된다. 이 책은 요리책이 아니니까. 이 책은 오히려 생태학적이고 과학적이며 민족지학적인, 그리고 가끔은 엉뚱해 보이기도 하는 버섯 지식 사전이라고 할 수 있다. 물론 여러 균학자의 인생살이에 대한 정보, 예를 들면 '윌리'^{Wally}라는 별명으로 불렸던 그물버섯 전문가 월터 스넬^{Walter Snell}이 한때는 보스턴 레드삭스의 포수로 뛴 프로야구 선수였다는 이야기도 등장한다.

이쯤에서, 나는 버섯을 연구하는 데 있어서 식용 가능성은 가장 후순위로 간주한다는 점을 고백해야겠다(편견은 갖지 마시길!). 그러므로 아즈텍 사람들의 전통 음식이었던 옥수수깜부기^{Ustilago maydis} 정도가 아니라면 대부분의 버섯에 있어서 식용 가능 여부는 다루지 않기로 한다. 하지만 식사에 초대받은 손님이 사람이 아니라 진드기, 무당벌레 또는 아메바라면 사정이 달라진다. 이런 생물종은 그들의 생존 자체가 버섯에게 달려 있기 때문이다. 한 종류의 버섯이 다른 종류의 버섯을 맛있게 먹어치우는 상호 포식의 예를 보여주는 경우에도 마찬가지다. 버섯을 먹고 사는 버섯의 예를 들자면, 무당버섯^{Russula emetica}이나 배털젖버섯^{Lactarius volemus}을 공격해 자신과 같은 버섯으로 변신시켜버리는 기생 버섯, 즉 바닷가재버섯^{Hypomyces lactifluorum}이 있다.

우리가 균의 일종인 버섯을 맛있게 먹듯이, 어떤 균은 우리 몸, 정확히 말하면 우리 몸의 일부를 맛있게 먹으며 살아간다. 이런 균들은 우리의 입, 피부, 폐, 임산부의 산도, 손톱 밑에 깃들어 있다. 사람의 장 속에는 267종이나 되는 균이 살고 있다. 이 균들은 우리 장 속에 살면서 당의 대사작용을 돕는다고 알려져 있다. 심지어는 우리의 뇌 속에서 자라는 균도 있다. 병리학자인 친구가 집도한 부검에 참관한 적이 있었는데, 시신의 대뇌 반구 양쪽을 연결하는 섬유를 커다란 균사 덩어리가 칭칭 감고 있었다. 나는 '와, 엄청나군!' 하고 생각했다.

문제의 균은 아스페르길루스 푸미가투스*Aspergillus fumigatus*였는데, 이 경우 병원균이라고 볼 수도 있겠지만 사실 망자는 오랜 세월 거리를 전전하며 고생했던 탓에 여러 가지 질병을 안고 있었으며 결정적인 사인은 아마도 후천면역결핍증^{AIDS}으로 보였다. 건강한 사람이라면 대식세포라는 세포와 균의 감염에 저항하는 기능을 가진 호중구를 지니고 있지만, 이 사람의 경우에는 그렇지 않았다. 망가질 대로 망가진 면역체계가 균들에게는 배양지 같은 역할을 했던 것이다. 보통의 경우에는 아주 온순한 균이라도, 면역체계가 망가진 사람에게는 극도로 위험하게 작용할 수 있다. 사람뿐만 아니라 어떤 생명체든 마찬가지다. 면역체계가 허물어진 개체를 만나면, 수많은 균이 온순하던 모습을 버리고 치명적인 손상을 입히는 공격자가 된다. 그런 몇 가지 예를 『Pedia A-Z: 버섯』에서 다룬다.

물론, 균과 인간 사이에는 엄청난 차이가 존재한다. 균은 슈퍼마켓에 가서 쇼핑을 하지 않아도 먹고살 수 있고, 교통 기관을 타고 돌아다닐 필요도 없으며, 병원에도 가지 않는다. 컴퓨터 같은 기기를 휴대하지도 않으며, 아이를 유치원에 맡기지도 않는다. 하지만 균은 (대부분의 인간들과는 달리) 뛰어난 생태학자다. 딱따구리에게 쪼인 나무, 벼락 맞은 나무, 자동차에 들이받힌 나무 또는 그냥 아주 오랫동안 살아온 나무를 생각해보자. 이런 나무들은 면역체계에 심각한 손상을 입었을 것이다. 이때 균의 재활용 능력이 없다면, 이 나무들은 죽은 채 영원히 서 있을 것이고, 땅은 이들에게서 다른 식물들에게 꼭 필요한 영양분을 취하지 못할 것이다. 결국 남아 있는 식물들은 점점 줄어들고, 식물로부터 영양분을 취하는 유기체도 사라지고 말 것이다. 지구는 이미 망가진 것보다 훨씬 더 심각하게 망가지고 말 것이다.

자, 이제 건강한 나무와 다른 식물들로 시선을 돌려보자. 이들의 90~95퍼센트가 균과 의미 있는 관계를 형성한다. 뿌리를 통해 균에게 탄수화물을 주고 다른 영양분을 얻기 때문이다. 따지고 보면, 식물은 바다에서 지상으로 올라온 후 얼마 되지 않은 시점부터 균과 연결하기 위해 뿌리를 발달시켰는지도 모른다. 식물이 말을 할 수 있었다면, 균에게 이렇게 말했을 것이다.

"내가 너한테 탄수화물을 줄 테니, 넌 내가 물을 빨아올리는 걸 도와주고 질소와 인도 나눠주지 않을래?"

이때 균은 이렇게 대답했을 것이다. "얼마든지, 친구!"

사실 식물과 균은 서로 직접 소통하거나, 그럴 수 없다면 최소한 확산성 분자를 통해서라도 서로 소통함으로써 누구에게 어떤 영양분이 필요한지를 알 수 있다. 이런 관계를 균근관계^{mycorrhizal relationship}라고 한다. 그리스어로 '균'을 뜻하는 mycos와 '뿌리'를 뜻하는 rhiza의 합성어다. 외생균근은 마치 칼집이 칼을 감싸듯이 균이 식물의 뿌리를 감싸고 있는 형태인 반면, 내생균근은 균이 뿌리의 세포까지 침투해 있는 형태다. 외생이든 내생이든 균근과 관계를 맺지 못하면, 나무도 풀도 잘해야 삐삐 마른 앙상한 몸으로 살아갈 수밖에 없다. 게다가 이 균근들은 어마어마한 양의 탄소를 숲속 땅 밑에 가두어두는 역할을 한다. 이미 탄소가 너무 많이 풀려 있는 대기 속으로 더 이상의 탄소가 탈출하지 못하도록 막아주는 것이다.

파트너 관계에서 한쪽이 다른 쪽을 고생시키는 경우를 흔히 볼 수 있다. 이런 경우를 기생균과 기주寄主의 관계라고 한다. 여러 곤충 또는 겨울을 나는 유충을 공격하는 포식동충하초속*Ophiocordyceps*의 균들을 생각해보자. 느릅나무시들음병균류*Ophiostoma* spp., 밤나무줄기마름병균*Cryphonectria parasitica*, 물푸레나무잎마름병균*Hymenoscyphus fraxineus*, 너도밤나무껍질병균류*Neonectria* spp. 등도 생각해보자. 뽕나무버섯류*Armillaria* spp.는 나무의 뿌리에서 줄기로 이동하는 양분의 흐름을 방해한다. 포자가지균속*Cladosporium* 곰팡이는 심지어 스테인드글라스 유리창을 망가뜨린다.

이런 기주들이 자신을 망가뜨리는 파트너들에 대해 접근금지 명령을 받아낼 수 없다는 게 안타까울 정도다. 그러나 균들이 만약 확산성 분자가 아니라 실제로 언어를 통해 소통을 할 수 있다면, 기주가 쏟아내는 원망 섞인 불평에 이렇게 답할지도 모른다.

"친구야, 우리 기생균들도 살기는 해야 하지 않겠니?"

이보다 좀더 철학적인 균이라면, "삶이란 죽음으로부터 나오는 것!"이라고 덧붙일지도 모른다.

나무에 기생하는 균은 나무에 구멍을 뚫고 둥지를 만드는 박새나 휘파람새처럼 나무에 구멍을 만들기 때문에 딱정벌레, 거미, 환형동물 같은 무척추동물들에게 맞춤한 공간을 만들어놓기도 한다. 대개 늙은 나무를 감염시키므로, 목재에 기생하는 균은 어린나무들이 하늘을 볼 수 있도록 공간을 열어주는 역할을 한다. 일단 하늘이 열리면, 그동안 공간을 허락받지 못했던 식물들도 공간을 차지할 수 있게 된다. 나무와 식물들이 말을 할 수 있다면, 기생균에게 이렇게 말할지도 모른다.

"고마워, 친구! 숲을 리모델링해줘서!"

최소한 한 종의 균과 조류 또는 남세균[6]의 연합인 지의류lichen는 새로운 형태의 기생 관계를 보여준다. 이 관계에서는 균이 기생 파트너를 노예처럼 부린다. 좀더 적나라하게 말하자면, 지의류에서 균의 파트너는 악당에게 붙잡힌 인질의 전형이다. 지의류도 균계에서는 느타리버섯이나 알광대버섯*Amanita phalloides* 못지않게 나름 평판이 높은 회원이지만, 균학자와 지의류학자는 종종 상대방의 분야에 대해 잘 모르거나 두 분야의 차이에 대해 무관심

6) cyanobacterium: 광합성으로 에너지를 얻는 박테리아.

하다. 사실 지의류에 대해서 내가 알고 있는 지식도 다른 분야에 비하면 상대적으로 적기 때문에, 이 책에서는 지의류에 대해 아주 조금만 다루었다. 변명하자면, 균에 대해 다룬 다른 책에도 지의류에 대한 정보는 대개 많이 들어 있지 않다. 가까운 미래에 어떤 지의류학자가 쓴 『Pedia A-Z: 이끼』가 『Pedia A-Z: 버섯』과 나란히 놓이기를 기대한다.

이 책을 읽고 있는 독자는 꾀꼬리버섯 요리를 아예 한 번도 해보지 않았을지도 모른다. 차가버섯 차나 영지버섯 차로 통풍이나 치질을 치료해본 적이 있거나 면역력을 강화시키려는 시도를 해본 적은 있을지도 모른다. 그도 아니라면 구름송편버섯이나 동충하초로 만든 캡슐형 건강식품을 먹어본 적이 있을지도 모르겠다. 버섯이나 균류를 이용한 의약품이 세계적인 유행의 물결을 타고 있다. 균학자에게 가장 자주 묻는 질문이 "이거 먹을 수 있나요?" 가 아니라 "이게 효험이 있나요?"로 바뀌고 있는 것이다.

마지막 주제에 대해서는 이 책에서도 차차 다루게 되겠지만, 우선 내가 가장 좋아하는 버섯 치료법을 소개하겠다. 숲속을 돌아다니며 버섯을 찾아보라. 다종다양하고 특이한 버섯들을 만나는 경험은 우리를 더 건강하게 해주지는 못할지라도 더 활기차게 만들어주는 것만은 틀림없다. 게다가 지금까지 이름을 짓고 기록한 균의 종은 지구상에 존재할 것으로 추정되는 종 전체의 5퍼센트에 불과하므로, 과학계에 새로운 종을 소개하는 행운도 얼마든지 기대해볼 수 있다. 이미 알려진 종의 버섯을 발견하더라도 우리는 똑같이 경이를 느낄 것이다. 수많은 종에 이름을 지어준 균학자 존 케이지John Cage는 흔하디흔한 버섯을 만났을 때도 이렇게 말했다고 하지 않는가. "이 얼마나 대단한 행운이냐. 우리 둘 다 살아 있으니!"[7]

7) 존 케이지의 일기 「M」에서.

A

"이 버섯의 한쪽은
너를 더 크게 만들어주고,
반대쪽은 너를 더 작게 만들어줄 거야."

Agarikon (*Laricifomes officinalis*) 말굽잔나비버섯

고대 스키타이인들에게도 잘 알려져 있던 버섯으로, 겹겹이 쌓인 모양의 회색 갓이 기주에 달라붙어 있는 것처럼 보이는 구멍장이버섯이다. 북아메리카의 서쪽 지역에서는 늙은 침엽수, 특히 낙엽송을 기주로 자란다. 북아메리카 동쪽 지역에는 드물지만, 유럽에서는 흔히 볼 수 있다.

말굽잔나비버섯에는 아가르산이라는 지방산이 들어 있어서, 오래전부터 약용으로 높은 평가를 받아왔다. 이에 대해 영국의 약초학자 존 제러드John Gerard, 1545~1612는 이렇게 기록했다.

"소변과 월경을 통하게 하며⋯ 대변을 볼 때 통증을 덜어준다."

이 버섯을 달여 우린 즙이 말라리아 환자의 열을 내려주기 때문에 한때는 키니네말굽버섯으로 불리기도 했다. 북아메리카에서 열대지역까지 이 버섯을 보내 전갈에게 쏘인 통증을 다스리기도 했다.

북아메리카 서해안 원주민들은 샤먼의 무덤에 말굽잔나비버섯 모양의 조각상을 놓아두었다. 캐나다 브리티시컬럼비아의 하이다 퍼스트 네이션8)은 이 구멍장이버섯을 '버섯인간'Fungus Man

---

8) First Nations: 캐나다에서 '인디언', '부족' 또는 '원주민'을 대신하여 쓰는 말이다. 유럽인들이 캐나다를 개척하기 이전에 그 땅에서 살던 사람들의 후예로, 다른 집단과 구분되는 고유의 문화·언어·풍습을 가진 인종적 집단을 퍼스트 네이션으로 인정하며 그 집단의 고유 명칭을 앞에 붙여

말굽잔나비버섯은 오래전부터 약용으로 높은 평가를 받아왔다.

이라고 의인화해서 신으로 섬긴다. 전설에 따르면, 큰까마귀가 인간을 창조해놓고는 그다음에는 어찌해야 할지를 몰라서 여성의 생식기가 터 잡고 있는 외딴섬으로 이 버섯인간들을 데려갔다고 한다. 큰까마귀는 여성의 생식기 중 몇 개를 골라 이 버섯인간들 중 몇몇에게 묶어버렸다. 그러자 짜잔! 그 버섯인간들은 여자로 변했다. 이렇게 해서 우리 인류는 버섯인간에게 우리의 존재를 빚지게 되었다는 것이다.

더 찾아보기: 민속균학, 구멍장이버섯류

부른다. 캐나다 정부의 인정을 받은 약 600개의 퍼스트 네이션이 있다―옮긴이.

Aksakov, Sergei 세르게이 악사코프

니콜라이 고골Nikolai Gogol은 『가족연대기』*A Family Chronicle*의 저자이자 러시아의 지주이며 박물학자였던 친구 세르게이 악사코프1791~1859에 대해 이런 글을 남겼다.

"러시아의 어떤 작가도 악사코프처럼 강렬하고 선명한 색깔로 자연을 묘사하지 못한다."

악사코프는 말년에 이르러서야 『한 버섯사냥꾼의 관찰과 단평』*Remark and Observation of a Mushroom Hunter*이라는 책을 쓰기 시작했다. 끝내 완성되지 못한 이 책에 그는 다음과 같이 썼다.

"버섯 탄생의 신비는 (나무의) 뿌리에 그 비밀의 핵심이 있다고 믿는다. …나무가 죽으면, 버섯도 사라진다. …버섯이 나무뿌리에 전적으로 의존한다는 사실은, 어떤 나무에서는 극소수의 버섯만 자랄 수 있다는 데서 알 수 있다."

이 문장을 놓고 보면, 악사코프는 균학자들이 실제로 '균근관계'를 밝혀내기 오래전부터 균과 나무 사이에 존재하는 어떤 관계와 그 관계의 의미를 알고 있었던 것 같다. '균근'mycorrhiza이라는 용어는 독일 과학자 알베르트 프랑크Albert Frank에 의해 1885년이 되어서야 만들어졌다.

악사코프는 '조용한 사냥'이라는 말을 자주 사용했는데, 지금은 러시아에서 버섯을 채집할 때 흔히 쓰이는 말이 되었다. 이 말은 사람들이 버섯을 사냥할 때는 총이나 활을 쓰지 않을 뿐만 아

니라 사냥꾼마다 자기가 버섯을 채집하는 장소를 알리지 않으려
고 애쓰는 경향을 의미한다. 다른 사람이 그 자리에서 버섯을 캐
가는 것을 막으려는 것이다.

더 찾아보기: 외생균근

Alder Tongue (*Taphrina robinsoniana*) 오리나무혓바닥

살무사혓바닥*Adder's tongue*이라고 불리는 백합과의 식물과 이름
을 헷갈리기 쉽다. 오리나무혓바닥은 '균사종'菌絲腫이라고 불리기
도 하는데, 균사종이란 기주에 혹 또는 혹과 비슷한 구조물을 만
드는 균이라는 뜻이다.

이 종은 자낭균의 일종으로, 북아메리카에서 자라는 오리나무
의 줄기 끝에 덩어리처럼 무리를 지어서 마치 긴 혓바닥처럼 부
풀어오르며 자란다. 처음에는 초록색을 띤 덩어리처럼 보이지만,
성숙해가면서 차차 갈색으로 변하다가 마지막에는 딱딱해지면서
검은색이 된다. 이때쯤 되면 기주는 온통 이 혓바닥으로 뒤덮여
버린다. 혓바닥 모양의 덩어리들은 앙상하게 메마르면서 마구 뒤
틀려서 마치 고통에 찬 비명을 지르는 듯이 보인다. 하지만 오리
나무혓바닥은 대부분 기주에 아무런 해를 끼치지 않는다. 비명을
지르는 혓바닥 모양의 이 구조물은 제 포자를 퍼뜨리려는 균에
의해 급격하게 증식된 식물의 조직이다.

타프리나속에 포함되는 또 다른 종인 데포르만스*Taphrina deformans*

는 복숭아나무잎오갈병이라는 병을 일으키는데, 이 병은 때때로 식물의 덜 자란 잎을 말라죽게 만들기도 하지만 그렇게까지 증상을 악화시키지 않고 넘어가기도 한다. 증상이 어디까지 가느냐는 (균계의 생물 대부분이 그렇듯이) 대부분 환경조건에 크게 의존한다.

타프리나속에는 대략 30개의 종이 있는데, 모두가 생애의 절반은 무해한 효모로 살고 나머지 절반은 기생균으로 산다.

더 찾아보기: 자낭균문, 프로토택사이트

Alice in the Wonderland 이상한 나라의 앨리스

우리에게는 루이스 캐럴Lewis Carroll이라는 이름으로 알려진 찰스 닷슨Charles Dodgson 목사가 1865년에 발표한 즐겁고도 환상적인 이야기, 『이상한 나라의 앨리스』에는 문학 역사상 가장 유명한 버섯이 등장한다. 그 버섯의 꼭대기에는 그 버섯만큼이나 유명한, 물담배를 피우는 애벌레가 앉아 있다.

"이 버섯의 한쪽은 너를 더 크게 만들어주고, 반대쪽은 너를 더 작게 만들어줄 거야."

애벌레가 주인공 앨리스에게 말한다. 모험을 좋아하는 성격인 앨리스는 이 애벌레의 말이 진짜인지 실험해보기로 한다. 애벌레의 그 신기한 말은 사실이었다.

캐럴은 『잠자는 일곱 자매』The Seven Sisters of Sleep를 읽고 아마도 광대버섯Amanita muscaria이었을 이 문제의 버섯에 대해 알고 있었던

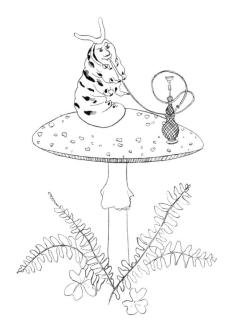

『이상한 나라의 앨리스』에 나오는 버섯과 물담배를 피우는 애벌레.

것 같다. 이 책은 모데카이 큐빗 쿡^{Mordecai Cubitt Cooke}이 1860년에
쓴 책으로, 광대버섯을 먹은 사람에게서 나타나는 증상이 이렇게
설명되어 있다.

  "크기와 거리를 제대로 가늠하지 못하는 것이 공통적인 증상이
다… 길가에 떨어져 있는 지푸라기 한 올도 넘어가지 못할 만큼
큰 장애물로 여긴다."

하지만 캐럴의 책에 제일 처음으로 삽화를 그렸던 화가 존 테니얼John Tenniel은 이 버섯을 광대버섯으로 그리지 않고 아무 특징도 없는 일반적인 버섯으로 그렸다.『땅속 나라의 앨리스』에서 캐럴이 그린 삽화 속의 버섯도 평범한 버섯처럼 보인다.

앨리스는 1960년대의 반문화적 인물로 인기가 높았다. 예를 들면, 그레이스 슬릭Grace Slick의 노래「흰 토끼」White Rabbit에는 이런 가사가 들어 있다.

"너한테는 버섯이 있지, 네 마음은 느릿느릿 움직이지. 앨리스한테 물어봐, 아마 그 아이는 알 거야."

그레이스 슬릭 본인도 알고 있었음이 분명하다.

더 찾아보기: 모데카이 큐빗 쿡, 광대버섯

Allegro, John 존 알레그로

영국에서 태어난 존 알레그로[1923~88]는 고대 셈어 전문가이자 사해문서 전문가인데, 1970년에는 자신의 전문 분야에서 한참 벗어나 『성스러운 버섯과 십자가』The Sacred Mushrooms and the Cross라는 책을 써서 기독교는 원래 환각을 일으키는 버섯을 신으로 여기던 비정상적인 샤머니즘에서 왔다고 주장했다. 뿐만 아니라 '예수'라는 말도 광대버섯을 가리키는 암호였으며, 예수라는 사람은 애초에 존재하지도 않았을 것이라는 주장까지 펼쳤다.

알레그로는 "신약의 이야기는 버섯 숭배의 의식과 전례를 숭배자들에게 전파하기 위한 문학적 수단이다"라고 했다. 그는 신약이 사실은 버섯 숭배의 전례집이라고까지 주장했다. 버섯 숭배자들은 박해를 피해 전례에 관한 기록을 위장해야 했다는 것이다.

『성스러운 버섯과 십자가』가 출판된 후 알레그로의 평판이 수직으로 곤두박질친 것은 말할 것도 없다. 그는 영영 명예를 회복하지 못했다. 다만 그에 대한 학문적인 평가를 언급하자면, 아직도 그를 높이 평가하는 시끄러운 사람들이 있다.

더 찾아보기: 광대버섯

Amadou 아마두

말굽버섯*Fomes fomentarius*의 다른 이름. 낙엽수의 그루터기나 통나무에 두툼한 동심원이 겹겹이 쌓이며 박힌 듯한 재색 자실체를 만든다. 자실체의 모양이 말발굽처럼 생겼다 하여 말굽버섯이라는 이름을 얻었다.

'아마두'amadou라는 이름은 아마도 '연인'을 뜻하는 고대 프랑스어 amator에서 온 것 같다. 연인들의 사랑이 순식간에 불붙듯이, 이 구멍장이버섯도 불이 잘 붙는다. 그래서 성냥이나 그 비슷하게 불을 붙이는 도구가 발명되기 전에는 사람들에게 매우 소중하게 쓰였다. 말굽버섯을 말린 다음에 섬유질이 드러나도록 잘 찧어서 그대로 쓰기도 하지만 초석질산칼륨이 있으면 섞어준다. 이렇게 해서 보관했다가 불을 피우거나 담뱃불을 붙일 때 부싯깃으로 썼다. 또는 잇몸이나 상처에서 피가 날 때 찧은 말굽버섯을 지혈제로 쓰기도 했다. 동유럽에서는 지금도 모자를 비롯한 여러 장신구류를 만들 때 아마두를 사용한다.

기원전 8,000년경 중석기시대에 불을 쓰던 터에서 발견되었기 때문에, 말굽버섯은 사람에게 쓰였던 최초의 비식용 균류로 여겨지고 있다. 알프스산맥 티롤에서 미라로 발견된 5,300년 전 사람 '아이스맨' 외치^{Ötzi}도 말굽버섯을 지니고 있었다. 지금도 미국 알래스카주의 데나이나족과 캐나다 퀘벡주의 크리족 등 여러 원주민 부족이 해충을 쫓기 위해 이 버섯을 태워 연기를 피운다. 담배 연기처럼 말굽버섯 연기도 해충을 쫓아준다.

더 찾아보기: 민속균학, 외치, 구멍장이버섯

Amateur 아마추어

'버섯 채집 애호가'라고도 불린다. 정식으로 균학을 공부하거나 전공하지는 않았지만, 균이나 버섯을 채집하는 것을 즐기는 사람을 뜻한다. '아마추어'라는 말은 사실 어떤 대상을 '잘 알지 못하는 사람'이라는 폄하의 의미를 품고 있었지만, 지금은 그런 부정적인 함의를 갖는 말로 쓰이지는 않는다. '아마추어'라는 말 대신 '시민과학자'라는 말이 점점 더 많이 쓰이고 있다.

이런 사람을 어떤 말로 지칭하든, 균과 버섯에 대한 그들의 관심은 권력이나 특권, 출판을 해야 한다는 직업적 압박 또는 국립

연구재단 보조금 따위에 있지 않다. 그들은 그저 배우는 것을 즐길 뿐이다. 페이스북에서 환호를 받거나 버섯 동호회 모임에서 어떤 버섯이 애주름버섯속^{Mycena}인지 낙엽버섯속^{Marasmius}인지를 두고 치열한 난상토론 벌이기를 좋아할 수도 있지만, 균이나 버섯을 구별하는 능력은 때때로 전문가의 수준을 초월한다. 사실 DNA 시퀀싱[9]에 몰두하는 균학자들이 점점 늘어나면서 소위 전문가라는 사람들이 가진 유일하고 실질적인 지식은 (균학자 앤드루스 보이트$^{Andrus\ Voitk}$의 말에 따르면) '햄버거 가게의 사이드 메뉴'로 전락하고 있다. 북아메리카균상프로젝트$^{North\ American\ Mycoflora}$ ^{Project}는 아마추어와 전문가들이 협업하여 진행되고 있는데, 북아메리카에서 서식하는 거시균류를 식별하고, 그 분포와 계절성을 확인해 지도로 만들어서 결과물을 온라인에 게시하는 것이 이 프로젝트의 목표다. 매우 훌륭한 프로젝트이기는 하지만, 이름은 바꿔야 할 것 같다. 균류는 식물과 전혀 가깝지 않으므로, 식물군을 뜻하는 'flora'라는 단어를 쓰는 것은 어울리지 않는다.

Amatoxins 버섯독

아마톡신 또는 아마니틴이라고 부르기도 한다. 독성이 매우 강한 이 이중고리 펩타이드 성분은 알광대버섯$^{Amanita\ phalloides}$과

9) sequencing: DNA 분자의 염기서열을 분석하는 기술—옮긴이.

독성이 강한 아마톡신은 단백질 합성을 중단시킨다.

긴독우산광대버섯*Amanita bisporigera* 같은 광대버섯류*Amanita* spp.뿐만 아니라 가을황토버섯*Galerina marginata*, 레피오타 수빈카르나타*Lepiota subincarnata*, 턱받이종버섯*Conocybe filaris* 등에서도 발견된다. 이 성분은 RNA 생산에 꼭 필요한 효소를 방해해서 새로운 단백질이 합성되는 것을 막으므로 결과적으로 단백질 합성을 중단시킨다. 버섯독은 특히 간에 축적되면서 간이 자기 세포를 먹어버리게 만든다.

　버섯독 중독을 치료할 수 있는 방법은 간이식, 신장이 망가졌을 경우에는 신장 투석, 활성탄으로 소화관을 세척하는 방법 등이 있다. 하지만 토끼의 뇌를 생으로 먹는 것은 결코 치료 방법이 아니다. 옛날에는 토끼가 독버섯을 먹고도 멀쩡한 것처럼 보인다고 해서, 토끼의 뇌를 생으로 먹으면 버섯독에 중독된 사람도 치료될 수 있다고 믿었다.

버섯독은 애초에 인간에게 대항하려고 만들어진 것은 아니었다. 버섯독은 균사에 의해 자실체까지 운반된 생화학적 폐기물이었을 가능성이 높다. 커피콩 속으로 운반된 카페인도 비슷한 사례다.

광대버섯속의 버섯 중에도 버섯독을 가진 종은 많지 않다. 하지만 버섯독을 가진 몇몇 종 때문에 광대버섯속의 버섯 전체가 기피대상이 되었다. 민달걀버섯$^{Amanita\ caesarea}$과 붉은점박이광대버섯$^{Amanita\ rubescens}$은 조심해서 먹어야 하기는 하지만 먹을 수는 있는 버섯이다.

더 찾아보기: 알광대버섯, 중독

Ambrosia 암브로시아

암브로시아는 그리스어로 '신들의 음식'을 뜻하는데, 이 경우 '신들'은 딱정벌레, 즉 암브로시아 딱정벌레를 말하며 이들의 먹이는 균, 대개 무성생식 단계에 있는 자낭균 또는 효모를 말한다. 아주 오랜 옛날에는 딱정벌레가 무얼 먹고 사는지 사람들이 알지 못했다. 그래서 딱정벌레를 지상의 생명이 아니라 신의 영역에 속한 생명이라 믿었다. 덕분에 '암브로시아'는 이 딱정벌레뿐만 아니라 이들이 먹는 균을 가리키는 말이 되었다.

암브로시아 딱정벌레는 갓 죽은 나무나 갓 잘린 목재에서 산다. 포자가 가득한 주머니, 즉 균낭을 가지고 있으며, 나무에 굴을 파면서 이 균낭 속의 포자를 그 굴 속에 퍼뜨린다. 균사가 자라기 시작하면 딱정벌레는 균사체 표면의 세포를 먹고, 알을 낳은 어미 딱정벌레는 애벌레에게 그 세포의 조각을 먹인다. 애벌레는 균사체가 가득 찬 하나의 굴 속에서 다 함께 자란다. 혹 이런 굴 속에 외부로부터 다른 균종이 들어오면 적으로 인식한 딱정벌레들이 잽싸게 제거해버린다.

암브로시아 딱정벌레 중에서도 어떤 종은 '클렙토마이코파지' kleptomycophage, 균을 먹는 도둑라고 불린다. 스스로 균사를 길러서 먹으려는 노력 없이, 다른 암브로시아 딱정벌레가 길러놓은 균사체를 대놓고 훔쳐 먹기 때문이다.

암브로시아 딱정벌레가 기르는 균에는 여러 종의 효모와 함께 암브로시엘라속Ambrosiella, 라파엘라속Rafaellea, 드리아도미세스속 Dryadomyces 등이 있다.

Anamorph 무성생식 세대

윌럼 더포Willem Dafoe 주연의 심리스릴러 영화 「아나모프」Ana-morph와 헷갈리면 안 된다. 아나모프, 즉 무성생식 세대는 자낭균이나 담자균의 무성생식 단계를 가리킨다. 따라서 이 단계를 불완전세대라고 부르기도 하지만, 이 단계에 오래 머물지는 않는다.

무성생식 세대의 균이 성숙하면 유성생식 세대로 넘어가지만, 일부 종은 일생을 무성생식형으로 보낸다. 어떤 균이 유성생식 형태로 번식하지 않는다고 해서 독신주의자로 산다는 의미는 아니다. 그런 균들도 분생자를 통해 번식하는데, 분생자는 먼저 특별한 균사에 의해 만들어졌다가 주로 분열을 통해 번식하는 포자다. 이 과정은 복제cloning와 비슷해서, 균의 후손은 그 부모 세대와 다르지 않다. 무성생식 세대의 균들도 유전물질을 보존하는 데는 상당히 뛰어나다.

무성생식 세대의 균은 사람이 사는 곳에서 잘 자라는 경향이 있다. 오래 묵은 빵, 눅눅한 벽지나 책은 이들이 무리를 이루어 살고 자라기에 적합한 곳이다. 유성생식 세대의 균은 계절적으로 적합한 때에만 자실체를 만들지만, 무성생식 세대의 균은 연중 언제라도, 심지어 추운 겨울에도 잘 자란다.

같은 종의 균이지만 무성생식 세대와 유성생식 세대를 서로 다른 학명으로 부른 때도 있었다. 2011년 오스트레일리아에서 열린 균학 학술회의에서 '종 하나에 이름 하나' 원칙을 세우고, 단계에 따라 외견상 서로 다르게 보이더라도 같은 종이면 하나의 학명을 공유하는 것으로 정리가 되었다.

Aniseed polypore (*Haploporus odorus*) 팔각씨앗구멍장이버섯

담황색, 재색 또는 검은 갈색의 다년생 구멍장이버섯으로, 캐나다와 유럽 북부 한대 지역의 늙은 버드나무나 물푸레나무가 주요 서식지다. 향신료로 쓰이는 팔각과 비슷한 향이 난다 해서 팔각씨앗구멍장이버섯이라는 이름이 붙었다. 캐나다 앨버타주의 우드랜드 크리족과 미국 그레이트플레인스 북부에 사는 여러 부족이 약으로 쓰거나 악령을 쫓기 위해 태워서 연기를 피운다. 나도 악한 기운을 쫓기 위해 책상 위에 이 균의 실물 표본을 놓아두고 있다.

라플란드[10)]에서는 순록 목동들이 연인을 만나러 갈 때 팔각씨앗구멍장이버섯이 든 조그마한 주머니를 차고 나간다고 한다. 스웨덴 출신 과학자 린네[Carl von Linne]는 이런 관습에 대해 이렇게 말한다.

"라플란드의 젊은 청년들은 조심스럽게 사타구니에 주머니를 하나 차고 다니는데, 사랑하는 마음을 불러일으키는 향기로 자신이 마음에 둔 여자를 홀리기 위한 것이다. 오, 갈대 같은 비너스의 마음이여!"

그러나 그렇게 비너스의 마음만을 갈대 같다 탓할 일은 아닐지도 모른다. 냄새를 맡을 줄 아는 여자라면 목동의 몸에서 나는

---

10) Lapland: 스칸디나비아반도 북부 지역 — 옮긴이.

순록 냄새보다야 당연히 팔각향을 더 좋아하지 않겠는가. 그러니 팔각향으로 순록 냄새를 덮기 위해 팔각씨앗구멍장이버섯이 쓰이는 것이다.

유럽의 팔각씨앗구멍장이버섯은 씨가 말라가고 있다. 순록 목동들의 구애 때문이 아니라 식성 좋은 가축의 방목과 산림 남벌, 게다가 기후변화로 인한 서식환경의 변화가 그 주범이다.

Aphyllophorales 민주름버섯목

담자균류 중에서 껍질버섯속*Lopharia*, 국수버섯속*Clavaria*, 구멍장이버섯속*Polyporus*, 사이펠로이드[11] 고약버섯속*Corticium* 등을 모두 포괄하는 목이다. '민주름버섯목'이니 버섯에 주름이 없다는 뜻이다. 따라서 민주름버섯목에 속하면서 주름이 있는 버섯은 만날 수 없다. 조개버섯*Gloeophyllum sepiarium*과 조개껍질버섯*Trametes betulina*의 '주름'은 주름이 아니라 길게 자란 포자다. 민주름버섯목에 속하는 종은 대부분 나무에서 자란다. '대부분'일 뿐, '전부'는 아니다. '대부분'의 예외가 바로 국수버섯이다.

요즈음에는 DNA 분석 덕분에 민주름버섯목의 대부분이 다룰만한 가치가 없어진 것처럼 여겨지기도 한다. 하지만 지금도 "이런, 피 흘리는 민주름버섯을 새로 발견했어!"라고 말하는 균학자

11) cyphelloid: 컵이나 관 모양 자실체를 형성하는 담자균류―옮긴이.

가 있다면, 이 책에서 다뤄볼 만하다.

사실 민주름버섯 중에서 몇몇 종은 피를 흘리기도 한다. 물론 여기서 말하는 '피'는 진짜 피가 아니라 항응고성 색소나 옥살산 같은 폐기물을 함유한 액체일 뿐이다. 유관버섯*Abortiporus biennis*과 피즙갈색깔때기버섯*Hydnellum peckii*이 그런 버섯이다.

더 찾아보기: 국수버섯류, 구멍장이버섯류

Artist's Conk (*Ganoderma applanatum*) 잔나비불로초

여러 겹의 커다란 갈색 갓이 달리는 다년생 구멍장이버섯. 전 세계에 고르게 분포하고, 단단한 나무에서 자라 자실체를 맺는 잔나비불로초는 부생 또는 약한 기생을 하는 생물이다. 일반적으로 수명이 길고 70년 이상 된 표본도 종종 발견된다. 관공층[12]은 나무의 나이테처럼 한 해 동안 자란 부분을 알려준다.

잔나비불로초가 한참 포자를 생성할 때는 하루에 300억 개의 포자를 만들어낸다. 놀랍다! 이 버섯의 포자는 표피가 두꺼워서, 표피가 얇은 대부분의 다른 버섯의 포자보다 좋지 않은 환경을 훨씬 잘 견뎌낸다.

영미권에서는 이 버섯을 '화가의 말굽버섯'이라고 부르는데, 옛날에는 기주로부터 이 버섯을 채취해서 얇게 켠 다음, 그것을

---

12) tube layers: 포자를 생산하는 구멍이 나란히 층을 이룬 부분—옮긴이.

식각판으로 썼기 때문이다. 하지만 나는 이 버섯을 켠 판에 새겨진 아담한 오두막, 혈기왕성한 사슴, 아름다운 나무를 감상하는 것보다 스스로 선택한 나무에서 잘 자라고 있는 이 버섯을 보는 것이 훨씬 행복하다.

수시트나 디나이나[13] 선주민들의 민담에 따르면, 알래스카 내륙 지역에 아주 커다란 잔나비불로초가 자라는 자작나무가 한 그루 있다고 한다. 그 크기가 사람 팔로 몇 아름 정도를 넘어 지름이 거의 400미터에 이를 정도여서 세상에서 가장 큰 버섯일 거라고 하는데, 아마도 옛이야기들 속에 전해지는 버섯 중에서도 가장 큰 버섯일 것이다.

더 찾아보기: 구멍장이버섯류, 부생균

Ascomycetes 자낭균류

크기도 모양도 다양한, 적어도 3,200개의 속과 3만 2,000개의 종이 속해 있는 균문. 어떤 것은 검은색 물감을 두껍게 칠한 것처럼 생겼고, 어떤 것은 사람이나 동물의 혀처럼 생겼으며, 어떤 것은 찻잔처럼, 어떤 것은 깔때기처럼 생겼다. 또 말라비틀어진 시체의 손가락처럼 생긴 것도 있다. 노란아스페곰팡이*Aspergillus flavus*

---

13) Susitna Dena'ina: 미국 알래스카주 수스티나강 유역에 살던 선주민 부족. 수시트나는 그 땅을 일컫고, 디나이나는 '사람들'이라는 뜻이다—옮긴이.

같은 균은 농작물에 심각한 해를 끼치는 병원균이지만, 곰보버섯 *Morchella esculenta*은 아주 좋은 식용 버섯이다. 많은 수가 목재부후균으로, 목재를 부패시킨다. 빵효모*Saccharomyces cerevisiae*[14]를 비롯한 몇몇 종의 효모는 빵이나 맥주를 발효시키는 데 쓰인다.

자낭균은 주머니, 곤봉 또는 풍선 모양의 자낭 속에 생식포자를 만들고, 대개 뚜껑을 열면 툭 튀어나오는 용수철 달린 인형과 비슷한 방식으로 포자를 위로 띄워 올려 퍼뜨린다. 이때 포자의 발사 속도는 시속 110킬로미터를 넘는다. 정말 놀랍다. 주발버섯과*Pezizaceae* 같은 일부 자낭균의 경우 기류가 포자의 발사를 활성화시키는데, 자실체에 입을 가까이 대고 훅 불면 구름처럼 피어오르는 포자를 볼 수 있다. 악마의 시가*Chorioactis geaster*로 불리는 버섯은 이렇게 자낭이 터질 때 우리 귀에 들릴 정도로 쉭 하는 소리를 낸다.

더 찾아보기: 담자균문, 반균류, 곰보버섯류, 핵균류

Azalea Apples (*Exobasidium* spp.) 떡병균류

진달래나 철쭉 같은 진달래과 식물을 감염시키는 담자균류의 일반 명칭인 떡병균은 샘 리스티치*Sam Ristich*의 말을 빌자면 '풍선

---

14) 빵이나 맥주 제조 과정에서 밀, 홉 등을 발효시키는 데 쓰이는 효모로 자연종을 개량한 것. 빵효모 또는 맥주효모라고 불린다—옮긴이.

껌을 불어 만든 풍선' 모양이다.[15) 진달래나 철쭉 외에 허클베리, 크랜베리, 워틀베리, 블루베리 등의 나무에서도 이 '풍선'이 자란다. 모두 떡병균에 속하는 균이다.

떡병균은 기주의 호르몬을 교란시켜 잎, 가지 끝, 꽃봉오리, 새순에 부풀어 오른 균혹을 만든다. 대부분의 경우 피해는 외형적인 손실에 그친다. 이 균에 감염되면 그 전보다 모양이 많이 추해진다. 그러나 이 균에 감염된 잎이 너무 많아지면, 잎이 가지에서 떨어져버리거나 광합성 능력을 잃기 때문에 기주 전체가 고사할 수도 있다.

기주가 가지고 있는 독성 때문에 진달래나 철쭉에 난 떡병균은 먹을 수 없다. 그러나 블루베리나 크랜베리 나무에 생긴 것은 식용으로 쓰이기도 한다. 알래스카 남부와 브리티시컬럼비아 해안지방 원주민들은 떡병균을 '귀신의 귀'라고 부르며 마치 사탕처럼 먹는다.

15) 우리나라의 일반 명칭은 '떡병균'인데, 균혹이 마치 불에 구워 부풀어 오른 찰떡 같다고 해서 붙은 이름이다—옮긴이.

B

어둠 속에서 초록색 빛을 던져준 어떤
버섯 덕분에 한 병사는 전쟁 트라우마의
고통을 겪지 않을 수 있었다.

Banning, Mary 메리 배닝

메리 배닝[1822~1903]은 여성이라는 이유로 과학계에서 추방당한 19세기 미국의 균학자다. 메리 배닝을 알아본 유일한 균학자였던 찰스 호턴 펙Charles Horton Peck에게 배닝은 이렇게 편지를 썼다.

"분쟁이 많은 균의 땅에서 당신은 저의 유일한 친구입니다."

거의 '버섯공포증'에 걸린 나라에서, 버섯에 대한 배닝의 관심은 뭇사람들로 하여금 그녀를 거부하게 만드는 또 하나의 요인이었다. 배닝의 고향인 메릴랜드에서 사람들은 그녀를 '독버섯 여자'라고 불렀다. 그녀가 버섯을 채집하러 숲속을 헤매고 다니는 모습이 눈에 띌 때마다 사람들은 "완전히 정신이 나갔네, 쯧쯧쯧…" 하고 수군거렸다. 버섯에 대해 배닝이 쓴 글들을 보면, 그녀는 정신이 나가기는커녕 버섯에 대한 분별력과 심미적 안목을 가지고 있었음을 알 수 있다. 그런 글 중 하나만 소개해보자.

"균학자들은 스스로를 아름답고 환상적인 모습들로 가득한 숲을 방랑하는 개척자로 비유할 만하다."

배닝은 알려지지 않은 23종을 분류하고 기록해서 『메릴랜드의 균』The Fungi of Maryland이라는 책을 썼으나 출판은 하지 못했다. 베아트릭스 포터Beatrix Potter처럼, 배닝은 버섯을 매우 아름답게 그려냈다.

더 찾아보기: 버섯혐오증, 찰스 호턴 펙, 베아트릭스 포터

오목버섯속은 주름이 기둥까지 뻗어 있거나 주름이 없으면
주름과 같은 기능을 하는 비슷한 구조를 지니고 있다.

Basidiolichens 담자지의류

자낭균은 굉장히 많은 수가 지의류와 일생을 함께하는 경향이
있지만, 담자균은 20퍼센트 정도만이 조류나 남세균과 자연스러
운 관계를 형성한다. 이들과 관계가 형성되면, 그 결과물을 담자
지의라고 부른다.

담자지의는 대개 색깔이 연하지만, '작은 갈색 버섯'의 범주에
놓이곤 한다. 담자지의가 종종 간과되는 이유 중 하나다. 또 한 가
지 이유를 들자면, 담자지의가 주로 식물이 잘 자라지 않는 습하
고 이끼 낀, 또는 토탄질 땅에서 자라기 때문이다. 즉 웬만한 버섯
채집가들이 잘 가지 않는 곳에서 자란다는 것이다.

오목버섯속*Lichenomphalia*과 색시버섯속*Arrhenia*은 그나마 우리가

흔히 볼 수 있는 담자지의류다. 이들은 주름이 기둥까지 뻗어 있거나,[16] 주름이 없으면 주름과 같은 기능을 하는 비슷한 구조를 지니고 있다. 또 다른 속인 더듬이버섯속*Multiclavula*의 버섯들은 나무에 군생하는데, 마치 식욕을 잃은, 진짜 아무것도 얻어먹지 못한 산호처럼 보인다. 모양은 산호 같아도, DNA 시퀀싱을 해보면 (말하기는 정말 이상하지만!) 꾀꼬리버섯의 친척이다.

『Pedia A-Z: 버섯』에 담자지의를 포함시킨 이유는, 이 친구들을 진짜 버섯으로 착각할 수 있기 때문이다.

더 찾아보기: 담자균문, 작은 갈색 버섯

Basidiomycetes 담자균류

말불버섯*Lycoperdon perlatum*, 구멍장이버섯, 녹병균*Pucciniales*, 곤약버섯*Sebacina incrustans*, 국수버섯, 심지어는 몇몇 단세포 효모까지 아우르는, 우산 모양으로 생긴 거의 모든 버섯이 속해 있는 균문이다. 지구상에 존재하는 담자균은 약 7만 5,000종에 달한다.

모양이나 크기에 상관없이, 모든 담자균은 대략 곤봉처럼 생긴 특수한 세포에서 포자를 생성한다. 이 세포를 담자기라고 하는데, 보통 4개의 세포가 하나의 담자기를 형성하지만, 2개 또는 16개의 세포로 형성된 담자기도 관찰된다.

---

16) 균학 용어로 '내리붙음' 또는 '수생'이라고 한다.

닉 머니Nick Money는 담자기를 "젖꼭지 위에 포자가 놓인 4개의 젖통"처럼 생겼다고 묘사했다. 이 '젖통'의 생식면은 아래를 향하고 있어서, 포자가 방출되는 순간 기류에 올라탈 수 있다. 한 번에 방출되는 포자의 수가 워낙 많기 때문에, 때로는 방출되는 포자 자체가 하나의 기류를 형성하기도 한다.

식물처럼, 담자균도 중력굴성[17])을 지니고 있어서 어디가 위쪽이고 어디가 아래쪽인지를 구분한다. 예를 들어, 버섯이 자라고 있던 나뭇가지가 부러져 땅에 떨어지면, 버섯에서 포자를 담고 있는 면이 옆을 보거나 아니면 아래로 향하게 될 수 있다. 이럴 때도 버섯은 포자를 담고 있는 면이 아래를 향하도록 스스로 방향을 재설정한다. 부모 세대의 담자기가 자식 세대인 포자에게 맡긴 일, 즉 땅을 향해 아래로 떨어질 수 있도록 하기 위한 것이다.

더 찾아보기: 자낭균문

Beech Aphid Poop Fungus (*Scorias spongiosa*)
너도밤나무진딧물똥곰팡이

균학자 톰 볼크Tom Volk 덕분에 이상한 이름을 얻은 숯검댕 모양의 자낭균이다.

17) 줄기는 위로, 뿌리는 아래로 뻗어나가는 성질—옮긴이.

이 종은 먹이 습성이 아주 특이하다. 미국너도밤나무 또는 오리나무에 사는 면충^{Grylloprociphyllus imbricator}이 만드는, 탄수화물이 농축된 단물만 먹고 산다. 균사가 이 단물을 충분히 흡수하면 무성생식 포자를 품고 있는 스펀지 모양의 자실체를 낸다. 이 자실체는 처음에는 크림색이나 연분홍빛 또는 노란빛을 띠다가 차츰 검은색으로 변하는데, 그 과정에서 점점 더 튼튼해지면서 유성생식 포자를 생성한다. 검은색으로 변한 자실체는 들쭉날쭉한 모양이 되기도 하고 둥그스름한 모양이 되기도 한다. 때로는 배구공만큼 커지기도 하는데, 진짜 배구공과는 달리 표면에 미라처럼 되어버린 죽은 진딧물이 붙어 있다.

더 찾아보기: 음식 곰팡이

Beefsteak polypore (*Fistulina hepatica*) 소혀버섯

버섯 중에서는 보기 드물게 부드럽고 갈분홍에서 갈보라색을 띠는 구멍장이버섯으로, 마치 마블링 좋고 붉은 육즙까지 흐르는 스테이크용 생고기 같은 모양을 하고 있다. 이름은 소혀버섯이다. 소고기 스테이크와는 달리, 여느 구멍장이버섯처럼 기둥이 드러나기도 한다. 구멍장이버섯속의 버섯에는 대개 기둥이 있다.

소혀버섯은 살아 있거나 이미 죽은 떡갈나무 또는 참나무의 심재에서 자라는 부생균으로, 아세트산을 생성하는 과정을 통해 갈색부후균의 역할을 한다. 소혀버섯이 만드는 아세트산 덕분에 식초 냄새 또는 시트러스향이 난다.

여느 구멍장이버섯과는 달리, 소혀버섯의 포자는 세공이 아닌 세관에서 나온다. DNA 연구를 통해 이 버섯은 주름을 가진 버섯과 아주 가까운 친척 사이며, 아주 옛날에는 주름을 가졌다가 세관을 가진 버섯으로 갈라져 나왔을 것으로 밝혀졌으니, 전혀 생뚱맞은 것은 아니다.

더 찾아보기: 갈색부후균, 구멍장이버섯류, 부생균

Berkeley, Rev. Miles 마일스 버클리 목사

1837년 자신에게 주어진 제2의 소명이라 여겼던 일을 '균학자'라 이름 지었던 목사. 그는 매일 아침 일찍, 목사로서의 직무를 수행하기 전에 촛불을 들고 버섯을 찾거나 관찰하러 다녔다.

버클리[1803~1889] 목사는 『영국 균류학 개요』*Outlines of British Fungology*라는 제목의 훌륭한 저서뿐만 아니라 『균』*Fungi*이라는 제목의 433쪽짜리 책도 펴냈다. 그는 아일랜드 감자 기근의 원인이 피토프토라 인페스탄스*Phytophthora infestans*라는 수생균이라고 판단했다. '감자역병균'이라고 불리게 된 이 난균은 곰팡이와는 관련이 있을 수도, 없을 수도 있었다. 버클리 목사와는 달리 다른 성직자들은 대부분 감자 기근이 악마의 소행이라고 믿었다.

생을 마칠 무렵, 버클리 목사는 자신이 채집한 1만 종 가까운 균의 표본을 큐 식물원에 기증했다. 자기 딸의 이름을 따서 어떤 주름버섯[18)]의 학명을 짓기도 했다. 그의 딸 루스 엘렌 버클리는 과학 삽화가로 활동했다. 균학자이기도 했던 이 영국 목사의 업적을 기리기 위해, 북아메리카에 서식하는 매우 큰 구멍장이속 버섯 한 종에 버클리구멍장이버섯*Bondarzewia berkeleyi*이라는 이름을 붙였다.

더 찾아보기: 다윈 버섯

Berserker Mushroom 베르제르커버섯

베르제르커버섯은 스칸디나비아 지역에서 광대버섯을 가리키는 일반 명칭이다.

1784년, 스웨덴의 신학자 사무엘 외드만*Samuel Ödmann*은 이 버섯에 대해 바이킹 전사들이 맨정신일 때보다 더 맹렬하게, 망설임 없이 적을 죽일 수 있는 상태로 전쟁터에 나가기 위해 전투 전에 이 버섯을 먹었다고 주장했다. 이 주장은 18세기 유럽에 소문처럼 번져나갔고, 곧 문명 세계의 사람들 대부분이 광대버섯을 광적인 행동과 결부시키기 시작했다.

외드만 목사는 이 버섯을 먹어보지 않은 것이 분명하다. 이 버섯은 대개 공격성과는 거리가 먼 행동을 유도하기 때문이다. 이 버섯이 종종 구토와 설사를 일으키기도 하지만, 이 버섯을 먹었

---

18) 지금은 느타리버섯속(*Pleurotus*)으로 분류된다―옮긴이.

을 때의 효과를 설명할 때 종종 쓰이는 표현이 바로 '행복감'이다. 이 버섯이 일으키는 효과는 종종 아편이 일으키는 효과와 비슷하다고 말하기도 한다.

'베르제르크'Berserk는 스칸디나비아 지역의 여러 언어에서 '곰가죽 셔츠'를 의미한다. 바이킹 전사들은 전쟁에 나갈 때 위장 장애를 일으킬 수도 있는 버섯을 먹기보다는, 털 달린 곰가죽을 뒤집어서 만든 셔츠를 입었다. 곰가죽의 털이 계속 맨살에 닿아 쓸리면 굉장히 짜증이 나기 때문에, "빨리 적들을 해치우고 이 망할 놈의 옷을 벗어버려야지!" 하며 열심히 적을 해치웠을지도 모를 일이다.

더 찾아보기: 광대버섯

Big Laughing Gym (*Gymnopilus spectabilis*)
갈황색미치광이버섯

갈황색미치광이버섯은 밝은 노란색 또는 주황색을 띠고 있으며 주름이 기둥까지 뻗어내려간[19] 크기가 큰 버섯이다. 갈황색미치광이버섯은 썩은 나무나 나무 지스러기에 고리를 만들며 무리를 지어 자라는데, 고리는 세월이 지나면 무너지거나 흩어진다. 세계 곳곳에 분포하지만, 주로 온대 지역에서 발견된다.

19) 균학 용어로 '내리붙음'.

갈황색미치광이버섯에는 실로시빈이 들어 있어
환각, 정신 착란 등의 증상이 나타난다.

자실체에는 카바[20]의 성분인 알파파이로프alpha-pyrope와 비슷한 화합물과 함께 실로시빈이 들어 있다. 갈황색미치광이버섯을 먹으면 이 버섯이 갖고 있는 독성 때문에 주체할 수 없는 웃음이 터져 나오다가 곧이어 구토와 어지럼증, 과도한 소변 배출, 현기증이 찾아온다. 이 버섯을 먹은 한 여자가 "난 죽어가고 있어. 그런데 기분이 정말 좋아"라고 중얼거렸다는 이야기가 자주 인용

20) 마취 성분을 포함하는 후추과 식물—옮긴이.

되곤 한다. 또 다른 사람은, "이 버섯의 독이 이런 거라면, 난 매일 먹겠어"라면서 깔깔대고 웃었다고 한다. 이 버섯을 꽤 많이 먹었던 한 남자는 발기 상태가 며칠 동안이나 지속되는 바람에 고생했다는 기록이 있다. 웃을 일이 아니다! 그나마 이 버섯은 맛이 지독하게 쓰기 때문에 대부분의 경우에 치명적인 경험을 할 정도로 많이 먹지는 못하는 것이 다행이라면 다행이다.

더 찾아보기: 버섯독, 실로시빈

Bioluminescence 생물발광

"여보, 난 지금 버섯의 불빛에 의지해 이 편지를 쓰고 있소."

제2차 세계대전 당시 뉴기니에 파병되었던 한 미군 병사가 아내에게 쓴 편지의 한 구절이다. 어둠 속에서 초록색 빛을 던져준 어떤 버섯 덕분에 이 병사는 전쟁 트라우마의 고통을 겪지 않을 수 있었다. 사람들은 이 버섯*Omphalotus illudens*21)에서 핼러윈 데이에 집집마다 걸어두는 호박 등불을 떠올리고는 '핼러윈호박버섯'이라고 불렀다. 애주름버섯속의 몇몇 종과 부채버섯*Panellus stipticus*도 빛을 내는 버섯인데, 특히 부채버섯은 미국 동부 지역에서만 발견된다. 여우불이라고 불리는 뽕나무버섯류*Armillaria* spp.의 균사다발도 어둠 속에서 빛을 내는데, 이 버섯은 마크 트웨인*Mark Twain*

---

21) 우리말 일반명은 핼러윈호박색경버섯—옮긴이.

이 쓴 『허클베리 핀의 모험』에도 등장한다.

문제의 버섯은 루시페린이라는 안료를 생성하는데, 이 안료는 루시페라제라는 효소를 만나 산화되면서 빛을 낸다. 이 버섯의 발광작용은 밤에 날아다니면서 자신의 포자를 퍼뜨려줄 곤충을 유인하기 위한 것이다. 반대로, 버섯을 먹고 사는 야행성 동물들을 쫓아버리기 위한 방법일 수도 있다. 모든 발광생물종 버섯이 나무에 붙어살기 때문에, 이들이 내는 빛은 단지 효소가 중간 역할을 하는 산화 반응의 부산물일지도 모른다. 현재로서는 '밤에 날아다니는 곤충' 이론이 균학자들 사이에서 가장 신빙성 있는 이론으로 간주되고 있다.

성경에서 모세가 호렙산에서 보았다고 하는 불타는 숲은 실제로 산불이 일어난 것이 아니었을 수도 있다. 그보다는, 버섯에 대해 잘 몰랐던 모세가 나무에 붙어 무리 지어 자라는 발광 버섯을 보고 그것을 수풀이나 덤불로 착각했던 것인지도 모른다.

Bird Droppings 새똥

새똥은 비록 기질은 아니지만, 두 종의 병원균의 생성을 유발한다.

첫 번째 종은 효모의 일종인 숨은공효모*Cryptococcus neoformans*인데, 이 균은 크립토코코시스, 즉 효모균증을 일으킨다. 이 균은 비둘기의 똥으로 질소가 풍부해진, 그러나 너무 풍부하지는 않은 토

새똥은 두 종의 병원균 생성을 유발한다.

양에서 주로 자란다. 또한 매우 많은 수의 포자를 만들어내는데, 사람이 비둘기를 가까이하다가 호흡을 통해 이 포자를 들이마실 수도 있다. 어떤 사람에게는 아무 일도 일어나지 않지만, 이 포자가 폐로 들어가 혈류에 섞여서 뇌에까지 이르게 되면 죽음에 이를 수도 있다.

또 하나의 종은 오니게나목^{Onygenales}에 속하는 히스토플라스마 캅술라툼^{Histoplasma capsulatum}인데, 히스토플라스마증을 일으킨다. 이 균은 닭똥 때문에 질소가 지나치게 많아진 토양이나 박쥐에 의해 구아노가 퇴적된 토양에서 자란다. 이 균의 포자를 흡입해도 멀쩡한 사람도 있지만, 그렇지 않을 경우 폐 감염이 일어나

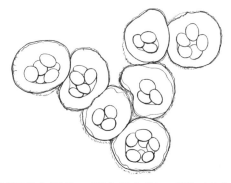

좀주름찻잔버섯의 포자들은 둥지 밖으로 훨훨 날아간다.

고 뒤이어 모든 주요 장기에서 감염이 일어날 수 있다. 밥 딜런^{Bob Dylan}도 히스토플라스마증에 걸려 심각한 심낭염이 발병하는 바람에 거의 죽음의 문턱까지 갔다가 돌아왔다. (밥 딜런의 노래, 「나의 심장」^{Heart of Mine}은 어쩌면 이런 사고를 예견한 것일지도 모른다.)

더 찾아보기: 케라틴 친화성, 계곡열

Bird's Nest Fungi (Nidulariaceae) 찻잔버섯류

찻잔처럼 생겼다 해서 찻잔버섯이라 부른다. 영미권에서는 새 둥지를 닮았다 해서 새둥지버섯이라 부른다. 심지어는 둥지 안에 아주 작은 알까지 들어 있다. 이 '알'은 사실 소피자^{小皮子}라 불리는 포자의 다발이다. 진짜 새둥지 속의 아기 새처럼, 이 포자들도 언젠가는 둥지 밖으로 훨훨 날아간다.

대표적인 찻잔버섯류인 주름찻잔버섯속*Cyathus*과 찻잔버섯속 *Crucibulum*의 포자가 날아가는 방법은 이렇다. 소피자는 기저부가 끈적끈적한 섬유단이라는 섬유 끝에 달려 있다. 빗방울이 찻잔의 얇은 조직에 떨어지면 섬유단이 섬유를 발사하고, 섬유 끝의 소피자는 공중에 흩어진다. 소피자는 제일 처음 만나는 물체에 충돌해 터지면서 포자를 퍼뜨린다. 소피자가 좋아하는 상대는 나뭇가지, 잔가지 또는 정원에 떨어진 나무 부스러기 등이다. 가끔은 소피자가 자동차 유리창에 떨어져 으깨지기도 하는데, 그러면 (균학자 엘리오 셰흐터*Elio Schaechter*의 말에 따르면) '자동차를 이용하는 매우 현대적인 방식의 포자 분산'이 된다.

아시아의 일부 지역에서는, 이 소피자가 나중에는 섬유단을 끊어버리고 진짜 새가 되어 날아간다고 믿는 사람들도 있다.

찻잔버섯류는 복균아강*Gasteromycetes*이므로, 말불버섯이나 말뚝버섯*Phallaceae*과도 가까운 친척 간이다.

Black Knot of Cherry (*Apiosporina morbosa*) 검은혹버섯

나뭇가지에 검은색 혹처럼 생겨서 흔히 '똥막대기버섯'이라는 별명으로도 불리는 이 자낭균은 25종에 이르는 벚나무속*Prunus*의 교목과 관목에 병을 일으키는 병원균이다. 아프리카계 미국인 사이에서 '똥막대기'*Shit on a stick*는 흉포한 사람을 일컫는 은어인데, 이 균은 감염된 기주가 병을 거의 이겨내지 못하게 만든다는 점

검은혹버섯 또는 '똥막대기버섯'은
25종에 이르는 벚나무속의
교목과 관목에 병을
일으키는 병원균이다.

에서 아주 딱 들어맞는 별명이라고 할 수 있다.

가지에 갈색의 혹처럼 부풀어오르면서 막 생기기 시작한 자실체는 기주에 거의 해를 끼치지 않지만, 점점 커지면서 탄소질로 뭉친 단단한 혹이 된다. 혹이 커지면 균사가 기주 내부에서 물의 흐름을 방해하기 시작한다. 그뿐만 아니라 영양분, 특히 잎에서 나무 본체로 가는 인을 가로챈다. 길지 않은 기간에 나무가 자라던 농장은 황폐화된다. 이 균은 왕벚나무 같은 변종에게는 특히 더 치명적이다.

울퉁불퉁한 모양에다 색깔까지 검기 때문에 종종 차가버섯과 헷갈리기도 하지만, 가장 흔한 감기 정도를 치료할 만한 약효도 없는 버섯이다.

더 찾아보기: 차가버섯, 기생균

그물버섯류는 주름 대신 포자를 품은
관을 가진 버섯의 총칭이다.

Bolete 그물버섯류

주름 대신 포자를 품은 관을 가진 다육질 버섯의 총칭이다. 끝에 포자가 달린 관 덕분에 이 버섯의 질감은 대부분 스펀지처럼 부드럽다.

과육은 보드랍고 솜털 같다. 자실체가 포자를 품고 있기 좋은 장소이면서 동시에 반날개와 구더기에게는 좋은 먹거리라는 사실은 어찌 보면 당연하게 여겨진다. 기주 곤충에게도 그렇지만, 특히 그물버섯*Boletus edulis*은 사람에게도 매우 귀한 먹거리다. 그물버섯류 중에서 마귀그물버섯*Rubroboletus satanas*을 비롯한 몇몇 종에는 독성이 있다.

로마 철학자 대大 플리니우스Pliny the Elder는 여성들이 그물버섯을 충분히 먹으면 얼굴의 주근깨나 기미를 없앨 수 있다고 했다. 생채기를 내거나 건드리면 갓 또는 세공이 푸른색이나 청록색, 붉은색 또는 갈색으로 변한다. 이런 변화는 산화로 인한 변색 반응이며, 종을 구분할 때 판별 요소로 쓰이기도 한다. 어떤 종은 건드리자마자 즉각 변색 반응이 나타나지만, 또 어떤 종은 몇 분이 지나야 나타난다.

그물버섯류에는 그물버섯속Boletus 외에도 비단그물버섯속Suillus, 쓴맛그물버섯속Tylopilus, 민그물버섯속Phylloporus, 밤그물버섯속Boletellus, 노란대그물버섯속Harrya, 밤색비단그물버섯속Bothia, 산그물버섯속Xerocomus, 껄껄이그물버섯속Leccinum 등이 있다. 녹슨버짐버섯Serpula lacrymans과 어리알버섯속Scleroderma은 자실체가 스펀지와는 거리가 먼 모양을 하고 있지만, 최근의 DNA 시퀀싱 결과 그물버섯과 공통의 조상에서 진화된 생물군인 것으로 판명되었다.

Bonnet Mold (Spinellus fusiger) 적갈색애주름버섯곰팡이

애주름버섯속, 특히 적갈색애주름버섯Mycena haematopus에 기생하는 접합균류로, 긴 우기에 잘 나타난다. 기주 버섯의 갓에 하늘하늘한 섬유가 안테나처럼 돋아나서, 마치 버섯이 펑크 헤어스타일을 하고 있는 것처럼 보이게 한다. 균학자 톰 볼크는 이 곰팡이가 생긴 애주름버섯을 '펑크 록 애주름버섯'이라고 부르기도 했다.

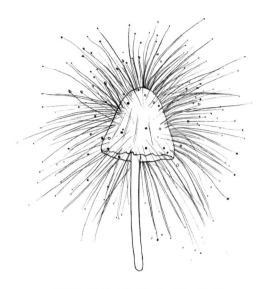

적갈색애주름버섯곰팡이는 하늘하늘한
섬유 끄트머리에 꽃봉오리 같은 기관이 달려 있다.

하늘하늘한 섬유 끄트머리에 꽃봉오리 같은 기관이 달려 있고,
그 안에 포자가 들어 있다. 처음에는 흰색이었다가 차츰 검은색
으로 변하는 포자가 봉오리의 외피가 갈라진 뒤 바람이나 곤충에
의해 퍼져나간다. 포자가 모두 날아가버리고 나면 기주였던 애주
름버섯은 거의 곤죽처럼 되어버린다.

이 곰팡이와 이분지털곰팡이*Syzygites megalocarpus*는 서로 헷갈리기
쉽다. 균학자 샘 리스티치는 이분지털곰팡이를 '트롤 인형 곰팡

이'라고 불렀다. 이분지털곰팡이는 주로 갓버섯속*Lepiota*을 기주로 삼는데, 진짜 트롤 인형의 헝클어진 머리칼처럼 자라며 기주를 뒤덮는다. 다른 버섯을 기주로 삼는 시지기테스속*Syzygites* 곰팡이도 있지만, 이분지털곰팡이만큼 덥수룩하게 자라지는 않는다.

더 찾아보기: 접합균문, 샘 리스티치

Brown Rot 갈색부후균

갈색부후균은 나무의 섬유소를 먹고 살지만, 갈색을 띠는 목질소*lignin*는 먹지 않는다. 갈색부후균이 지나간 자리에는 갈색의 목질소만 남기 때문에 이 균을 갈색부후균이라고 부르게 되었다. 이 균을 입방체부후균이라 부르기도 하는데, 갈색부후균에 감염된 목재는 강도가 약해질 뿐만 아니라[22] 세로 방향으로도 갈라져 버려서 자잘하게 부서진 조각만 남기 때문이다. 갈색부후균의 이러한 기하학적 활동은 나무의 섬유소를 다른 생명체가 먹이로 삼을 수 있는 탄소화합물로 만들어준다.

모든 목재부후균 중에서 갈색부후균이 차지하는 부분은 10퍼센트 미만이지만, 지구상에 존재하는 침엽수의 탄수화물 중 80퍼센트를 재활용할 수 있게 해준다. 북반구 삼림의 목재 분해를 주도하며, 분해 후의 잔존물은 수백 년 동안 숲의 토양 속에 변형되

22) 나무는 섬유소가 있어야 강도를 유지할 수 있다.

갈색부후균의 분해잔존물이 남아 있는 토양은
씨앗이 발아하기에 좋은 환경이 된다.

지 않고 남는다. 갈색부후균의 분해잔존물이 남아 있는 토양은
백색부후균의 분해잔존물만 남아 있는 토양보다 보수율[23]이 훨
씬 높아서 씨앗의 발아에도 그만큼 더 좋은 환경이 된다. 부정적
인 측면을 꼽자면, 갈색부후균은 목재 건축물을 망가뜨리는 주범
이라는 점이다.

　가장 흔한 갈색부후균 중에는 소나무잔나비버섯*Fomitopsis pinicola*,
자작나무잔나비버섯*Piptoporus betulinus*, 덕다리버섯류*Laetiporus* spp., 녹

23) 지하수층이 품고 있는 물의 양을 부피로 나타내 지하수층의 단위부피
　에 대해 백분율로 나타낸 값―옮긴이.

슨버짐버섯류*Serpula lacrymans, Serpula himanitiodes* 등이 있다.

더 찾아보기: 녹슨버짐버섯류, 구멍장이버섯류, 무름병, 백색부후균

Buller's Drop 불러의 물방울

거의 모든 종류의 주름버섯류[24]에게서 생성되는 매우 중요한 소구체로, 영미권 지역에서는 캐나다의 균학자 아서 레지널드 불러*Arthur Henry Reginald Buller, 1874~1944*의 이름을 따서 '불러의 물방울'이라고 부른다. 이 '물방울'이 없으면 주름버섯은 포자를 퍼뜨릴 수 없다.

버섯의 포자는 포자돌기라 부르는 담자기에 붙어 있다가, 포자돌기가 '불러의 물방울'과 접촉하면 초당 약 60센티미터의 속도로 사출된다. 이 과정이 이루어지는 데 걸리는 시간은 고작 수백분의 1초에 불과하지만, 포자가 버섯의 주름에서 벗어나 멀리 바깥세상으로 나가는 데는 충분하다. 불러의 물방울이 생성되는 데는 주름과 주름 사이의 습도가 중요한 관건이다.

불러는 평생 독신으로 살았지만, 균학 연구를 통해 자신의 이름을 균학 용어에 남긴 것을 비롯해 일곱 권에 이르는 저서를 남겼다. 6권에서는 전체 내용의 절반가량을 똥대포버섯*Pilobolus* spp.이 기질로 삼은 동물의 배설물에서 대포처럼 포자를 발사하는 과정

24) 갓 아래 주름을 갖춘 버섯의 총칭.

을 설명하는 데 할애한다.

불러의 저서뿐만 아니라 그의 유골도 캐나다 위니펙에 있는 캐나다농업농산식품부의 불러 도서관에 보관되어 있다.

더 찾아보기: 담자균문

C

솔제니친의 암세포를 제거하기 훨씬 전부터
차가버섯은 러시아 북부 원주민들 사이에서
흔히 쓰이던 약용 버섯이었다.

Cage, John 존 케이지

케이지^{1912~92}는 작곡가이자 행위예술가로서 거위 깃털, 압력 밥솥, 낡은 와인 병, 고무 오리, 사각 얼음, 재채기, 그리고 연주 중의 침묵 등을 통해 과장과 허세로부터 음악을 해방시키고자 했다. 그는 기존의 음악을 어릿광대가 설치는 서커스에 비유하곤 했다.

그는 사전에서 '버섯'^{mushroom}이 '음악'^{music}보다 앞에 배열된다는 사실을 거론하곤 했다. 데이비드 로즈^{David Rose}의 말을 빌자면, "케이지의 평행우주가 우리에게 균학적인 것과 음악적인 것들을 보여주었다." 케이지의 음악에서 드러나는 우연성과 불확실성은 어쩌면 그가 버섯으로부터 얻은 아이디어에 빚을 지고 있는 것인지도 모른다. 버섯으로부터 떠오르는 아이디어는 그 자체의 이질적이고 변덕스러운 특성 덕분인 것 같기도 하고 아닌 것 같기도 하다.

케이지는 1962년에 뉴욕 균학협회의 설립에 참여했다. 또한 뉴욕시의 뉴스쿨에서 버섯 식별법을 가르치기도 했다. 말년에 이르기까지, 음악뿐만 아니라 버섯을 채집해 뉴욕의 고급 레스토랑에 판매하는 것도 중요한 수입원이었다.

버섯에 대한 케이지의 태도는 거의 숭배에 가까워 보일 때도 있었다. 심지어는 이렇게 끝을 맺는 시를 쓰기도 했다.

"언제나 그랬듯이 버섯은 지금도 여전히 신비롭게 남아 있네."

광대버섯에게 베토벤 4중주 음반을 들려주면 최고급 음식이 될 거라고 믿었으니, 숭배라고 말하기는 어려울지도 모르겠다.

더 찾아보기: 광대버섯, 음악

Carver, George Washington 조지 워싱턴 카버

카버[1864?~1943]는 아프리카계 미국인으로, 앨라배마주의 터스키기연구소Tuskegee Institute에서 땅콩을 워낙 집중적으로 연구했기 때문에 그의 균학 연구 업적은 종종 빛이 가려지는 측면이 있다. 자신이 최초의 흑인 입학생이자 최초의 흑인 교수였던 아이오와 주립대에서 식물에 질병을 일으키는 균종, 즉 미세균을 연구했다. 나중에는 가정에서 재배하는 식물들을 주로 공격하는 녹병균과 깜부기병을 집중적으로 연구했다.

'땅콩맨'Peanut Man이라는 별명으로 불렸던 카버는 자신이 수집했던 수천 종의 균 표본을 미국 전역의 표본실에 기증했다. 그는 대두에 병을 일으키는 병원성 세균을 분리했을 뿐만 아니라 땅콩을 병들게 하는 누룩곰팡이속Aspergillus의 여러 종을 기록한 최초의 균학자였다. 버섯 먹기를 두려워하거나 혐오하지 않았던 그는 터스키기연구소의 동료나 학생들에게 식용 버섯을 요리해서 대접하곤 했다.

1935년, 미국 농무부는 카버를 균학과 질병 조사부의 장長으로 임명했다. 노예의 아들로 태어난 그에게는 더할 나위 없이 명예로운 자리였다.

Caterpillar Fungus (*Ophiocordyceps sinensis*) 동충하초

히말라야 산맥, 특히 티베트에서 수확되는 자낭균으로, 그 지역에서는 야르차굼부[25]라고 부른다. 티베트 사람들은 이것이 하나의 생명체라고 믿었다. 동충하초는 언뜻 보면 하나의 생명체처럼 보이지만, 실은 균과 곤충이다. 균의 포자가 동면 중인 박쥐나방 *Thitarodes* spp. 애벌레의 외피를 뚫고 들어가 균사를 뻗으면서 처음에는 애벌레의 생명에 덜 치명적인 부분부터 시작해서 차츰 치명적인 부분까지 먹어치운다. 시간이 지나면, 기주의 몸에서 자실체가 뻗어 나온다.

중국에서는 동충하초가 간암과 폐 질환 치료의 약재로 쓰인다. 중국의 육상 선수들에게도 동충하초는 귀한 보약이다. 동충하초를 다량 복용한 후 중국 국내 신기록을 세운 여자 육상 선수들이 여럿 있는 것도 사실이다. 문제는 동충하초가 이 선수들의 운동 능력을 끌어올렸는지 아니면 선수들의 능력이 이미 그만한 수준에 도달해 있었는지를 명확히 판별할 수 없다는 것이다.

아시아에서는 동충하초를 최음제로 사용하는 남성들을 흔히 볼 수 있다. 사실 동충하초가 발기한 남성의 성기와 비슷하게 보이기는 한다. 옛날에는 시장에 가면 박쥐나방동충하초를 수북이 쌓아놓고 팔곤 했지만, 지나친 남획의 영향으로 지금은 그렇게 쌓

25) yartsa gumbu: 겨울 벌레 여름 풀, 즉 동충하초.

동충하초는 중국에서 간암과 폐 질환 치료의 약재로 쓰인다.

아놓고 파는 모습을 보기 힘들다. 박쥐나방동충하초가 영영 사라질 날도 머지않은 것으로 보인다. 호랑이의 고환도 같은 이유로 거래되는데, 우리가 알다시피 호랑이의 개체수는 점점 줄어들고 있다. 박쥐나방동충하초와 호랑이가 사라져가고 있는 현실에서 이 문제를 해결할 방법이 없는 것은 아니다. 우리에겐 비아그라가 있으니까.

조금 긍정적인 소식을 전하자면, 박쥐나방동충하초의 친척인 매미나방꽃동충하초*Isaria sinclairii*26)는 아미노산 미리오신을 생성하는데, 이 물질은 다발경화증을 치료하는 데 성공적으로 쓰이고 있다.

더 찾아보기: 파리분절균, 좀비 개미

Cemetery Mushrooms 묘지의 버섯들

균은 시체를 재활용하는 데에는 그다지 뛰어나지 않다. 균의 거의 대부분은 호기성27)인데, 땅속 2미터 깊이까지 내려가면 그곳에는 공기가 거의 없기 때문이다. 따라서 사람들이 믿는 것과는 달리 묘지에서 종종 대량으로 발견되는 버섯들은 사람의 시신을 먹고 자란 것이 아니다. 묘지의 버섯들은 묘지에 묻힌 시신에서 토양으로 흘러든 풍부한 양의 질소와 암모니아를 먹고 자란 것이다.

질소와 암모니아는 묘지에서 자라는 버섯의 균사가 아주 좋아하는 먹이다. 유기물의 분해 과정 초기에 자실체를 만드는 종을 암모니아균이라고 하고, 분해가 끝난 후에 자실체를 맺는 종을 부패후균腐敗後菌, postputrefaction fungi이라고 한다. 수분이 자주 공급되는 묘지의 환경도 균이 잘 자라게 하는 요인 중의 하나다.

시신에서는 포름알데히드 같은 방부제가 흘러나오고 관에서

---

26) 짧은다발동충하초의 무성생식형이다―옮긴이.
27) 산소가 있어야 살아남는 성질―옮긴이.

는 납이 용출되어 땅속으로 흘러든다. 묘지의 버섯들에게는 이것도 문제가 되지 않는다. 이 버섯들의 균사는 독성 물질도 아주 신나게 먹어치우기 때문이다. 그러나 그 버섯을 먹는 사람에게는 문제가 될 수도 있다.

자갈버섯*Hebeloma syrjense, Hebeloma vinosophyllum*은 영미권에서 시체찾기버섯이라는 이름으로 불리지만, 사람의 시신보다는 숲에 노출되어 있는 새나 동물의 사체에서 발견된다. 사람을 비롯해 덩치가 큰 동물의 사체에서는 거의 발견되지 않는다. 묘지에서는 토양 속의 풍부한 질소를 충분히 먹고 자란다. 사실 이 버섯에게는 '시체찾기버섯'보다 '질소찾기버섯'이라는 이름이 더 어울릴 것 같다.

Chaga (*Inonotus obliquus*) 차가버섯

종종 나무에 생긴 옹이나 마디, 혹으로 오인되곤 하는 거무스름하고 깊은 금이 간 울퉁불퉁한 덩어리 모양의 차가버섯은 구멍장이버섯목에 속한다. 이 버섯의 균사체는 자작나무가 만들어내는 면역물질인 베툴린을 흡수해 베툴린산으로 만드는데, 베툴린산은 균사체의 덩어리, 즉 균핵[28]에 농축된다. 균핵의 구조체인 차가버섯은 지금도 약으로 쓰인다. 최근에 구글에서 '차가버섯'이 검색된 횟수는 무려 526만 회에 달한다.

28) 菌核. 단단하게 응축되어 있는 균사의 덩어리—옮긴이.

차가버섯은 1966년에 알렉산드르 솔제니친(Aleksandr Solzhenitsyn)의 자전적 소설이라 할 수 있는『암병동』(The Cancer Ward)에서 언급되면서 세계적인 주목을 받았다. 솔제니친의 암세포를 제거하기 훨씬 전부터 차가버섯은 러시아 북부 원주민들 사이에서 흔히 쓰이던 약용 버섯이었다. 시베리아 칸티족의 여성들은 월경 중에 차가버섯을 우린 물로 목욕을 했다. 캐나다 마니토바주와 미국 미네소타주의 오지브와족 사람들은 치질을 다스리는 약으로 이 버섯을 썼다. 캐나다 북부와 시베리아의 여러 부족은 이 버섯을 부싯깃으로 불을 피웠다.

차가버섯에는 항산화물질이 풍부하지만, 카페인은 커피보다 적게 들어 있다. 회색빛이 돌면서 휘어진 이 버섯의 자실체는 눈앞에 있어도 버섯인 줄 모르고 지나치게 쉽다. 기주인 자작나무의 껍질 아래서 자라기 때문이다. 그 때문에 곤충에게 좋은 먹이가 되기도 한다. 껍질 밖으로 드러나 눈에 띈다 해도 좀이 슨 옷조각처럼 보이기 십상이다.

더 찾아보기: 약용 버섯

Chestnut Blight 밤나무줄기마름병

밤나무줄기마름병균(Cryphonectria parasitica)이라는 핵균이 나무의 굵은 줄기를 마치 띠처럼 감싸며 생기는 병이다. 다형콩꼬투리버섯도 핵균의 일종이기 때문에, 뉴욕에서 처음 이 병이 나타났던

1904년부터 1950년대까지 미국의 거의 모든 밤나무를 죽게 만들었던 범인이 다형콩꼬투리버섯의 사촌이라고 믿는 사람도 있을 수 있다. 이 균 때문에 미국밤나무는 숲의 지배종에서 소교목 집단으로 전락했다.

밤나무줄기마름병은 아마도 아시아로부터 씨앗이나 묘목에 묻어서 미국 땅에 들어온 듯하다. 아시아에서는 밤나무줄기마름병이 전혀 위세를 떨치지 못한다. 아시아의 나무들은 이 병을 일으키는 균과 함께 진화해왔기 때문이다. 그러나 미국의 밤나무들은 그렇지 못했다.

미국 땅에 들어온 밤나무줄기마름병균은 사악한 기지개를 펼치기 시작했다. 그 균사가 밤나무 줄기의 껍질을 먹어대기 시작했고, 그러면서 뿌리에서 잎까지 영양분을 골고루 실어나르던 도관을 망가뜨렸다. 아무런 보호 장치도 갖추지 못하고 있던 미국밤나무는 밤나무줄기마름병균의 균사에게 아주 맛깔스럽고 풍부한 먹잇감이었다. 결국 이 병에 걸린 밤나무는 점점 말라 몸집이 쪼그라들었다.

밤나무줄기마름병균에 저항력을 갖도록 유전자 변형 종을 만들어내는 것이 미국밤나무를 되살려내기 위한 전략의 하나였다. 최근에 이 균에게 저항성을 가진 밀 유전자를 미국밤나무에 이식하는 방법도 고안되었다.

더 찾아보기: 다형콩꼬투리버섯, 핵균류

Chitin 키틴

대부분 아미노산으로 이루어진 다당류로, 균의 세포벽 안에 존재하면서 세포벽의 인장강도, 즉 물질을 끌어당길 때 균열되지 않고 버틸 수 있는 힘을 만들어준다. 또한 대부분의 식용 버섯에서 아삭아삭한 식감을 느낄 수 있는 것도 키틴 덕분이다. 키틴이 없으면 입속에 든 버섯은 흐물흐물하고 눅눅하게 느껴질 것이다.

키틴은 곤충과 거미 등의 외골격, 오징어의 주둥이와 빨판, 바위에 붙어 사는 딱지조개를 포함하여 연체동물의 껍데기에도 들어 있어서, 균과 식물은 먼 친척뻘에 불과하지만 균과 동물계 일부 종들이 거의 형제자매임을 알려주는 지표가 된다.

키틴의 강도는 버섯이 아스팔트, 심지어는 콘크리트에까지 균열을 내고 솟아오르게 할 수 있을 정도로 강력하다. 놀랍게도 테니스 선수들은 테니스 코트를 뚫고 올라온 말불버섯이나 말뚝버섯을 볼 때도 있다고 한다. 오, 버섯들도 테니스 관중이었다니!

Chytrids (Chytridiomycota) 병꼴균류

병꼴균문이라는 독립적인 문에 속하는 원시균류로, 이 균의 포자는 헤엄을 쳐서 퍼져나가도록 적응했다.

보통 병꼴균류라고 불리는 이 균은 딱 한 종, 항아리곰팡이 *Batrachochytrium dendrobatidis*를 제외하고는 균학자에게나 알려졌을 법하다. 항아리곰팡이는 열대 지역에서 개구리의 개체수를 급감시키거나 멸종 위기로 내몬 주요 원인으로 지목된다. 비교적 오래지 않은 1998년에 발견된 곰팡이로, 한반도에서 기원해 열대 지방까지 확산된 것으로 알려져 있다. 기후변화 또는 서식지 훼손도 개구리의 생존을 위협했겠지만, 항아리곰팡이 감염에 더욱 취약했다. 최근 몇 년 전부터 항아리곰팡이와 형제간인 도롱뇽항아리곰팡이*Batrachochytrium salamandrivorans*가 유럽에서 도롱뇽을 희생양으로 삼기 시작했다.

항아리곰팡이와 도롱뇽항아리곰팡이는 양서류의 피부조직을 보호하는 성분인 케라틴을 먹어치우기 때문에 피부가 벗겨지게 만든다. 양서류는 피부로 호흡하므로, 항아리곰팡이는 양서류의 삼투 조절에 악영향을 주고 결국 장기 부전을 일으킨다. 항아리곰팡이는 대개 수중 노출을 통해 감염된다. 이 균의 포자는 자신의 기주처럼 헤엄을 쳐서 돌아다닌다.

연구자들은 일부 개구리와 도롱뇽이 피부에서 항아리곰팡이와 도롱뇽항아리곰팡이의 성장을 차단하는 물질을 분비하기 시작했다는 것을 발견했다. 이런 방어 기제를 갖게 된 종은 아주 일부에 불과하다. 하지만 이제 전쟁의 양상이 바뀌기 시작했다는 것이 중요하다.

Claudius 클라우디우스

로마 황제인 클라우디우스[기원전 10~기원후 54]는 아마도 식용 버섯인 민달걀버섯뿐만 아니라 광대버섯류 중에서 독성을 지닌 버섯이 든 음식을 먹고 사망했을 것으로 추측된다. 아닐 수도 있고.

세 번째 아내인 메살리나를 간통죄로 처형한 후 사촌인 소小아그리피나[29]를 황후로 맞이했다. 아그리피나나 그녀의 친구 로쿠스타Locusta가 네로를 황위에 올리기 위해 클라우디우스가 먹을 민달걀버섯 요리에 알광대버섯이나 독우산광대버섯Amanita virosa을 섞었다고 전해진다.

클라우디우스가 독버섯 때문에 죽었다기보다는 뇌혈관질환으로 사망했거나 아니면 단순히 노환으로 죽었을 것이라고 믿는 역사학자도 있다. 만약 이들의 믿음이 사실이라면, 역사상 가장 유명한 독버섯 살인극도 무수한 탐정 소설이나 미스터리 소설에 등장하는 수많은 독버섯 살인극과 다를 바 없는 픽션일 것이다.

더 찾아보기: 알광대버섯

Clusius, Carolus 카롤루스 클루시우스

클루시우스[1526~1609]는 네덜란드 식물학자 샤를 드 레클루스Charles de L'Écluse의 라틴어식 이름. 클루시우스는 네덜란드에서 튤립 교배로 명성을 얻었지만, 한편으로는 '균학'이라는 이름이 생

29) Agrippina the Younger: 5대 황제 네로의 생모. 자신의 어머니와 이름이 같아 소(小)아그리피나로 불린다. 3대 황제 칼리굴라의 동복누이로, 그녀의 어머니 대(大)아그리피나는 칼리굴라 황제의 생모다―옮긴이.

기기 몇 백 년 전부터 이미 균학자였다. 그가 쓴『희귀식물의 역사』*Rariorum plantarum historia*는 버섯류를 중심으로 다룬 최초의 책이었고, 그 내용의 상당 부분은 당시 '약초 아줌마'라 불리던 여성들과의 대화로부터 얻은 정보를 바탕으로 했다는 설이 있다. 1601년에 출판된 이 책에는 아마도 클루시우스의 조카가 그렸을 것으로 추정되는 수채화 삽화가 들어 있다.

『희귀식물의 역사』는 플랑드르의 사제 프란시스쿠스 판 스테르비크*Franciscus van Sterbeeck*가 쓴 『버섯극장』*Theatrum fungorum*을 비롯해 유럽에서 균학의 과학적인 연구와 저작에 중요한 바탕이 되었다. 특이하게도『버섯극장』에는 균뿐만 아니라 감자도 다루었는데, 스테르비크가 감자를 트러플과 아주 가까운 식물이라고 여겼기 때문이라고 한다. 감자와 트러플은 둘 다 땅속에서 자라니까! 그 둘은 같은 책에 나란히 등장할 자격이 있는 것이다.

클루시우스의 책이 출판되기 전에는 버섯에 대해 이야기한 책도 드물었지만, 버섯을 다루었다 해도 고작해야 먹을 수 있느냐 없느냐, 어떤 것이 약으로 쓰일 만한 효험이 있느냐 없느냐 정도였다. 먹을 수도 없고 약으로도 쓸 수 없는 버섯은 무용지물로 취급되었다. 당연히 클루시우스도 먹을 수 없는 버섯을 '유해하고 치명적'*noxii et perniciosi*이라고 설명했다.

클루시우스가 버섯에 관심을 갖기 시작한 것은 어린 시절 주변에서 말불버섯을 자주 보면서부터였다고 한다.

Commercial Harvesting 상업적인 수확

지역이나 해외 시장에서 판매할 목적으로 버섯을 채집하는 수익 활동. 매년 30만 톤 이상의 버섯이 수확되는 중국에서는 매우 인기가 높다. 아메리카에서 상업적 수확의 중심지는 태평양 연안 북서부로, 여기서 가장 흔히 수확되는 버섯은 송이버섯*Tricholoma matsutake*, 곰보버섯*Morchella esculenta*, 꾀꼬리버섯*Cantharellus cibarius*, 턱수염버섯류*Hydnum* spp.와 다양한 그물버섯류다. 시장 상황이 좋은 해라면, 말린 곰보버섯이나 말린 송이버섯 500그램은 유럽이나 일본 시장에서 100달러 또는 그 이상의 가격으로 거래된다. 버섯을 채집하는 사람들은 이렇게 상업적으로 수확되는 버섯을 '작물'이라고 부르기도 한다.

이런 방식으로 수확하거나 과도한 수확이 계속되면 부정적인 영향을 미칠 것이며 어쩌면 미래의 버섯 자실체에 치명적인 결과로 나타날 것이다. 이렇게 사람들에 의해 '수확'되는 버섯 종은 '작물'이 아니라 '사냥감'이라고 부르는 게 더 어울리지 않을까? 버섯을 지나치게 많이 채취하다 보면 포자를 퍼뜨릴 개체가 줄어드니 버섯 전체의 포자 생산 능력이 감소할 것이고, 그렇게 되면 특정 집단의 유전자 흐름이 방해를 받게 된다. 버섯의 개체 수는 계속 줄어들다가 결국에는 아예 지구상에서 사라지게 되는 것이다. 자, 이렇게 비유해보자. 새알이 가득 든 바구니를 둘러싼 한 무리의 새 사냥꾼들. 우리가 지금 그 사냥꾼들이다. 이 새알을 먹어치울 것인가, 그 알에서 온전히 새가 부화하도록 보호할 것인가.

더 찾아보기: 송이버섯, 곰보버섯류

Common Names 일반 명칭

과학적인 의미가 없기 때문에 학문의 장에서는 쓰이지 않지만, 세발버섯*Pseudocolus schellenbergiae*, 등불버섯*Mitrula* spp., 마귀순갈버섯*Trichoglossum* spp., 코털버섯*Vibrissea* spp., 고약버섯, 화경버섯, 잔나비불로초, 주발버섯, 먹물버섯*Coprinus, Coprinellus, Coprinopsis* spp., 국수버섯, 젖버섯*Lactarius* spp., 에밀종버섯*Galerina* spp., 솔땀버섯*Inocybe rimosa* 같은 일반 명칭은 문제의 버섯이 어떻게 생겼는지를 상당히 정확하게 설명해준다는 장점이 있다. '똥막대기버섯' 같은 경우도 '아피오스포리나 모르보사'*Apiosporina morbosa*라는 라틴어 학명보다는 훨씬 익살스러운 이름인 데다 기억하기 쉽고 문제의 버섯이 어떤 버섯일지를 금방 떠올릴 수 있게 해준다. 균학자인 개리 린코프*Gary Lincoff*가 버섯이 아닌 종에 대해서 한 말을 생각해보면 왜 그런지 분명해진다.

"무섭게 달려드는 곰을 보고 '우르수스 아르크토스*Ursus arctos*가 나를 쫓아온다!'라고 말하는 사람이 있을까?"

일반 명칭은 버섯에 대해 아무것도 모르는 사람들에게는 버섯으로 눈을 돌리게 하고 라틴어라는 벽을 절대로 뚫을 수 없는 벽이라 생각하는 사람도 편히 접근할 수 있게 해준다. 버섯에 한번 눈을 돌린 사람이라면, 진지한 균학자가 되는 것도 그리 어렵지 않은 일이다.

『Pedia A-Z: 버섯』은 독자들을 위해 인류평등주의적인 관점에서 쓰고자 노력했다. 이 책에 설명하고자 하는 종에게 일반 명칭이 없는 경우가 아니면 일반 명칭과 라틴어 학명을 함께 제시하고 일반 명칭이 없는 경우에만 학명만으로 언급하고자 한다.

Cooke, Mordecai Cubitt 모데카이 큐빗 쿡

쿡[1825~1914]은 '빅토리안 히피'라고 불리기도 하는 영국의 식물학자이자 균학자다. 마약에 관한 고전으로 꼽히는 『잠자는 일곱 자매』*The Seven Sisters of Sleep, 1860*에서 자신이 관심을 갖고 있던 향정신성 또는 마약성 물질을 다루었다. 이 책의 내용으로 보면, 그는 마약을 합법화하지는 않더라도 정당화하려고 했던 것 같다. 어쩌면 쿡이 꼽은 '일곱 자매' 중 하나인 광대버섯이 『이상한 나라의 앨리스』의 한 장면에 영감을 주었을지도 모른다. 그 장면에서 물담배를 피우는 애벌레가 앨리스에게 준 버섯이 앨리스를 커지게 만들거나 작아지게 만들 수도 있기 때문이다. 쿡이 쓴 책의 제목은 훗날 캘리포니아에서 결성된 슬러지·둠 메탈 밴드가 이름을 짓는 데도 영향을 주었다.

『간단하고 쉬운 영국의 균류 기록하기』*A Plain and Easy Accounting*

of British Fungi, 1862, 『녹병균, 깜부기와 곰팡이』*Rusts, Smuts, Mildews and Moulds,* 1877, 『영국에서 나는 식용 버섯』*British Edible Fungi,* 1891, 『식용 버섯과 독버섯』*Edible and Poisonous Mushrooms,* 1894 등 균과 버섯에 대한 여러 권의 책을 썼다. 뿐만 아니라 곤충, 식물, 말벌, 파충류, 심지어는 해양 생물에 대해서도 책을 썼던 그는 '박식하다'는 말의 진정한 의미를 보여주는 표본과도 같았다. 한술 더 떠서, 『과학계 소문』*Science Gossip*이라는, 흥미롭지만 다소 모순어법적인 제호의 잡지를 편집하기도 했다.

쿡은 아내와의 사이에 아이가 없었지만, 아내가 그와 재혼하기 전 낳은 일곱 명의 혼외자 딸을 거두었다.

더 찾아보기: 이상한 나라의 앨리스, 광대버섯

Coprophiles 기분성

기분성균寄糞性菌이라고 하는 균들은 목초를 먹고 자라는 동물, 특히 양·소·사슴처럼 되새김질을 하는 동물의 분변에 자실체를 맺는다. 이런 동물의 똥이라면 미처 소화시키지 못한 식물 찌꺼기들이 있을 텐데, 그렇다면 다른 성분에 비해 상대적으로 산성도가 높고 산소 함유량도 매우 높다. 그러니 균이 좋아하지 않을 이유가 없다.

동물의 위액은 대부분의 기분성균의 포자를 활성화시키는 경향이 있어서, 여러 종의 균이 몰려든다. 똥대포버섯 같은 접합균류가 먼저 나타나고 그다음에 자낭균류, 그리고 먹물버섯류^{Coprinus} spp.30)가 나타나는데. 이 버섯이 등장하면 그후에는 다른 종이 침입하지 못한다. 먹물버섯은 생존 자체를 똥에 의지하기 때문에 균사가 경쟁자를 물리치는 데 아주 뛰어나다. 박테리아와 곤충이 결합된 기분성균은 똥을 분해해 그 속의 영양분을 재활용한다.

기분성균은 품위라고는 없는 초식동물의 실수로 다시 그들에게 먹혀버릴 위험을 피하기 위해 자신이 먹고 사는 똥으로부터 가급적 멀리 포자를 날려 보낸다. 똥대포버섯^{Pilobolus} spp.은 한 번에 9만 개의 포자를 1.8미터 거리까지 쏘아 보낼 수 있다. 이런 놀라운 '포자 발사 능력'에 감동받은 한 현대무용단은 자신들의 이름을 '필로볼러스'^{Pilobolus}라고 지었다.

담자균목 스포로미엘라속^{Sporormiella}은 현재 살아 있는 초식동물의 똥에서뿐만 아니라 화석화된 털맘모스의 똥에서도 발견된 적이 있다.

더 찾아보기: 불러의 물방울, 먹물버섯류, 접합균문

Corals (*Clavaria* spp.) 국수버섯류

비슷하게 생긴 모양 때문에 버섯산호$^{Heliofungia\ actiniformis}$라고 불리는 해양 산호와 혼돈하기 쉽다. 국수버섯류는 가지가 갈라져

---

30) 먹물버섯의 속명 Coprinus는 '똥에서 산다'는 뜻이다.

자주싸리국수버섯은 감탄사가 절로 튀어나올 정도로
보랏빛 자태가 아름답다.

있을 수도 있고 그렇지 않을 수도 있다. 또 촉감도 고무처럼 매끈
하거나 젤리처럼 물컹물컹할 수도 있다. 국수버섯류는 기질 선택
에 있어서는 평등주의라서 나무, 낙엽이나 땅에서도 발견된다.

국수버섯류는 종종 종을 식별하기 어려운데, 다행히 노랑, 자
주, 보라, 빨강, 분홍, 연갈색, 황갈색, 갈색, 회색, 흰색 등 색깔이
무척 다양해서 색깔을 보고 구분할 수 있다. 이 버섯의 밑동은 생
식과 무관하지만, 자실체의 나머지 부분은 포자를 품고 있는 담
자기로 덮여 있다. 국수버섯류와 비슷하게 생긴 등불버섯류와 마
귀숟갈버섯류, 콩나물버섯류^{Geoglossum} spp. 그리고 좀콩나물버섯류

Microglossum spp.는 담자균인 국수버섯류와는 달리 자낭균에 속한다.

대부분의 국수버섯은 식용으로 인기가 높은데, 맛이 좋아서라 기보다는 아삭아삭한 식감 때문이다. 하지만 감탄사가 절로 튀어나올 정도로 보랏빛 자태가 아름다운 자주싸리국수버섯*Clavaria zollingeri*을 왜 굳이 먹으려고 할까?

Corn Smut (*Ustilago maydis*) 옥수수깜부기병균

옥수수 알갱이에 포자가 가득 든 커다란 혹을 만드는 담자균. 이 균에 감염된 옥수수의 알갱이 하나가 250억 개의 포자를 생산할 수 있다.

옥수수깜부기는 이 병에 걸린 옥수수를 위틀라코체라고 부르는 멕시코에서뿐만 아니라 북미와 유럽의 다른 지역에서도 점점 더 맛 좋은 먹거리로 평가받고 있다. '위틀라코체'라는 이름은 아즈텍 문명에서 균을 뜻하는 명사로부터 왔는데, 때로는 '까마귀 똥'으로 해석되기도 한다. 감염된 옥수수 알갱이에서 거무스름한, 그다지 입맛이 당기지 않는 액체가 흘러나오곤 하기 때문이다 (주의: 진짜 까마귀 똥은 대개 하얗다).

'까마귀똥'은 물론이고 '깜부기'라는 이름도 식욕을 자극하기에는 결코 적합하지 않기 때문에, 옥수수깜부기를 더 먹을 만한 것처럼 내보여 미식가들을 유혹하기 위해 영어권 국가에서는 옥수수깜부기를 '멕시칸 트러플'이라는 이름으로 부르며 이미지 변

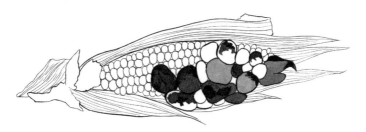

옥수수깜부기병균에 감염된 옥수수 알갱이 하나가
250억 개의 포자를 생산한다.

신을 시도하고 있다.

또 다른 깜부기인 벼깜부기병*Ustilago esculenta*은 아시아에서 주로
나타나며 벼의 줄기와 이삭에 영향을 준다. 중국에서는 벼깜부기
를 식재료로 쓸 뿐만 아니라 이뇨제 또는 변비를 다스리는 약으
로 쓴다. 현재 미국 정부는 자국의 야생벼 군집에 영향을 줄까 하
는 우려 때문에 연방 차원에서 벼깜부기를 통제하고 있다.

Cramp Balls (*Daldinia* spp.) 콩버섯류

동글동글한 모양의 버섯으로, 영미권에서는 '크램프볼'cramp ball
이라는 일반 명칭으로 불린다. 관절염 환자들이 이 버섯을 주머
니에 넣고 다니면서 가끔씩 문지르면 관절염 통증을 완화시킬 수
있다는 설이 있기 때문이다. 또 월경 중인 여성들이 겨드랑이에
이 버섯을 끼고 있으면 월경통이 누그러진다는 설도 있다. 크기도

호두만 하고 딱딱하기까지 한 이 핵균을 겨드랑이에 끼고 있으면 적어도 월경통으로부터 신경을 분산시킬 수는 있을 것 같다.

이 버섯은 '알프레드 대왕의 케이크'라는 재미난 별명도 갖고 있다. 전해오는 민담에 따르면, 제빵 실력보다는 잉글랜드의 월링포드에서 바이킹의 침략을 막아낸 것으로 유명한 이 왕이 케이크를 오븐에 너무 오래 넣어두는 바람에 완전히 새카맣게 타버린 케이크가 바로 이 버섯이 되었다는 것이다.

콩버섯류는 낙엽성 식물, 특히 물푸레나무의 부패 유기물을 먹고 사는 부생균이며 건조한 기후를 좋아한다. 적절한 기후를 만나면, 콩버섯류의 균사는 다른 버섯의 균사를 죽이는 화학물질을 분비하면서 번성한다. 이들이 건조한 기후에 번성하는 또 하나의 이유는 이들의 조직은 나무에 기생하는 다른 버섯들보다 훨씬 더 물을 잘 저장하기 때문이다. 대부분의 다른 버섯들과는 달리 콩버섯류는 밤에 포자를 방출한다.

콩버섯류의 횡단면은 (균학자 잭 로저스Jack Rogers의 말에 따르면) '사격 연습용 과녁의 한복판'과 비슷한 모습이다.

더 찾아보기: 핵균류

Crust Fungi 껍질버섯류

배착성균[31]이라고도 불린다. 껍질버섯류는 다른 어떤 분류에도 어울리지 않는 10개의 목에 속한 여러 개의 종을 일컫고, 모두 묶어서 '배착성균류'라고 칭하기도 한다.

껍질버섯류는 주로 이미 죽었거나 죽어가고 있는 나무에 기생하는데, 생식면은 보들보들한 것도 있고 찻잔처럼 안쪽으로 말린 것도 있다. 점무늬 또는 사마귀 같은 돌출이 있거나 관 모양으로 생긴 것도 있고 톱니처럼 생긴 것도 있다. 대부분의 껍질버섯이 배착성으로 살아가는 배착생이지만, 꽃구름버섯속^{Stereum} 종들은 갓이 있고 사마귀버섯속^{Thelephora}은 대개 꽃병 모양이다. 최소한 한 종류, 버들간고약버섯$^{Cytidia\ salicina}$은 아교질이다. 껍질버섯류 중 몇 종은 얕은 물결 모양으로 주름진 형태를 갖는데, 종류에 따라서 그 표면이 다소 기이한 모양을 하고 있다. 대부분 부생균이지만, 비소코르티시움속^{Byssocorticium}과 융단버섯속^{Tomentella}을 비롯한 소수의 종은 외생균근이어서 주로 자실체를 맺기 위한 바탕으로만 기주를 활용하고 균사는 땅속으로 뻗어가서 파트너로서 가능성이 있는 뿌리를 찾아다닌다.

대부분의 껍질버섯은 매우 현란하고 다채로운 색을 갖고 있거나 먹을 수 있지만, 자연환경에서 잘 식별되지 않기 때문에 북아

---

31) 나무 표면에 납작 달라붙은 껍질처럼 생장하는 균류―옮긴이.

메리카의 버섯을 소개하는 가이드북에서는 대개 기록되어 있지 않다. 그렇다 하더라도 이들의 상당수가 생태학적으로는 매우 가치가 높다. 죽은 나무를 자연으로 돌려보내는 데 매우 큰 공이 있기 때문이다.

더 찾아보기: 배착생

Cultivated Mushrooms 버섯 재배

통나무, 커피 찌꺼기, 목재 조각, 짚단, 재활용 종이, 질산암모늄 등을 기질 삼아 버섯을 재배한다. 요즘에는 수프, 파스타 또는 피자를 기질로 삼기도 한다. 꾀꼬리버섯, 곰보버섯, 왕그물버섯은 아쉽게도 아직 재배에 성공하지 못했다.

흔한 재배종으로는 표고버섯*Lentinula edodes*, 느타리버섯류*Pleurotus* spp., 팽이버섯*Flammulina velutipes*, 불로초라고 불리기도 하는 영지버섯*Ganoderma lucidum*, 양송이버섯*Agaricus bisporus* 등이 있다. 특히 양송이버섯은 캘리포니아주의 야생에서 무리 지어 자라는 것이 발견되고 있다. 포르토벨로는 양송이버섯 종류 중 하나로 갓이 벌어져서 주름이 보일 정도로 자라 갓이 연한 갈색을 띤다. 그다지 머지않은 과거지만, 사람들은 양송이버섯의 거무스름한 주름이 미식가들에게 그다지 매력적으로 보이지 않을 거라는 생각에 영영 갓이 벌어지지 않는 개량종을 만들어냈다. 동글납작한 모양이 딱 단추 같다 하여 '단추'라는 일반 명칭으로 불리게 되었다. 우리가

흔히 보는 하얗고 조그맣고 갓이 동글동글한 양송이버섯이다.

미국에서 생산되는 버섯의 절반이 펜실베이니아주의 케넷 스퀘어Kennett Square에서 재배되기 때문에, 이 작은 도시는 '세계의 버섯 수도'라고 불린다. 취미 삼아 또는 호기심으로 버섯을 재배해보려는 독자들에게 한마디 경고를 하자면, 느타리버섯과 표고버섯은 엄청난 수의 포자를 생산한다. 실내 또는 밀폐된 공간에서는 알레르기 반응을 일으킬 수도 있다. 이 버섯들을 재배하는 사람들이 이 알레르기로 고생하는 경우도 드물지 않다.

더 찾아보기: 잎새버섯, 느타리버섯류, 영지버섯, 표고버섯

Cyphelloid Fungi 사이펠로이드

자낭균이 되고픈 버섯들의 오합지졸 모임이다. 실제로는 담자균인데, 대부분 생김새가 찻종 모양이라 반균류로 오해하기 쉽다. DNA 시퀀싱으로 주름버섯이라는 것이 최근에야 밝혀졌다.

어떤 것들은 튜브 모양이고, 어떤 것들은 기둥이 아주 짧다. 그리고 많은 수가 가장자리에 털이 나 있다. 개중에는 마치 젤리처럼, 물기 없이 바싹 말랐다가도 수분을 만나면 다시 살아나기를 여러 번 반복할 수 있는 것도 있다. 지난해 자라난 핵균류에서 자라는 갈색컵버섯*Merismodes anomala*을 제외하면 거의 모든 종이 썩은 나무에서 자란다. 종종 수백 개의 자실체가 썩은 나무 한 부분에 빽빽하게 모여서 자라기 때문에 자칫하면 아주 큰 세공을 가진 하나의 배착생 구멍장이버섯으로 착각할 수 있다. 하지만 '세공'처럼 보이는 것들을 자세히 들여다보면 사이펠로이드 개체 수백 개가 모여 있는 것임을 알 수 있다.

사이펠로이드에는 플라젤로스키파속*Flagelloscypha*, 스티그마톨렘마속*Stigmatolemma*, 꼬마컵버섯속*Rectipilus*, 갈색컵버섯속*Merismodes*, 파이프버섯속*Henningsomyces* 등이 있다. 하얀 튜브 모양의 순백파이프버섯*Henningsomyces candidus*은 북아메리카에서 가장 흔히 볼 수 있는 사이펠로이드 버섯일 것이다. 이 버섯의 속명은 「비벌리 힐빌리즈」[32]의 제작가 폴 헤닝*Paul Henning*이 아니라 19세기 독일 균학자 폴 헤닝스*Paul Hennings*의 이름을 딴 것이다.

더 찾아보기: 담자균문, 배착생

---

32) Beverly Hillbillies: 1962년부터 1971년까지 방영된 미국의 시트콤 텔레비전 시리즈 제목 —옮긴이.

Cystidia 낭상체

주로 주름이나 세공이 있는 버섯의 불임성 세포다. 담자기 사이에 숨어 있는 낭상체에게는 몇 가지 중요한 임무가 있다.

― 점점 벌어지는 세공이나 주름을 잡아주는 버팀목 역할을 해 주름과 세공이 무너지는 것을 막아준다.

― 공기를 가두어 포자가 성장하기 좋은 습도를 유지해준다.

― 포자가 떨어질 때가 다가오면 포자에게 더 넓은 공간을 만들어준다.

― 수분의 이동을 촉진하는 통로를 만들어 주름이나 세공이 수분을 보존하는 데 도움을 준다.

낭상체에는 여러 가지 유형이 있는데, 몇 가지만 설명해보자.

― 점낭체: 약간 유분이 느껴지는 외형이다.

― 녹낭상체: 주름 가장자리에서 찾을 수 있다.

― 박막낭상체: 주름의 면에서 볼 수 있다.

― 측낭상체: 모양은 여러 가지로 나타나지만, 얇은 벽이 있다.

낭상체의 모양은 매우 다양하다. 플라스크처럼 생긴 것도 있고 실 모양인 것도 있다. 작살처럼 생긴 것, 두꺼운 벽을 가진 것, 곤봉 모양, 뿔 모양 등 다양하다. 고래잡이 작살처럼 생겼다든지 하는 식으로 낭상체의 모양을 구체적으로 알 수 있으면 식별하는데 도움이 된다.

더 찾아보기: 담자균문

D

알광대버섯은 균계를 대표하는 공공의 적 넘버원이다. 균계에 의한 모든 사망 사건의 90퍼센트를 차지하기 때문이다.

Darwin's Fungus (Cyttaria darwinii) 다윈 버섯

비글호를 타고 항해하던 찰스 다윈이 티에라델푸에고에서 표본을 수집했던 버섯이다. 다윈에게 표본을 받은 마일스 버클리 목사가 다윈의 이름을 따 시타리아 다위니*Cyttaria darwinii*로 명명했다.

남반구너도밤나무*Nothofagus spp.*의 약한 기생균으로, 오목 무늬가 파인 골프공처럼 생겼다. 다윈에 따르면 티에라델푸에고 지역의 원주민들은 "이 버섯을 귀한 음식으로 여기는 것 같았다." 또한 원주민들이 "이 버섯과 몇 종류의 베리류를 제외하면 다른 어떤 채소도 먹지 않는다"고 기록했다. 원주민들은 어리고 싱싱한 버섯보다는 늙고 시들시들한 것을 더 좋아한다고 덧붙였다. 다윈은 이 버섯의 식감이 끈적끈적하다고 썼다.

취향은 사람마다 다르니, 다른 사람의 취향을 가타부타 타박할 수는 없다. 다윈에게는 통조림 육류가 있었는데, 원주민들에게 통조림 고기를 주었더니 푸에고섬 사람들은 첫째 끈적끈적한 고기 때문에, 둘째 통조림 용기 때문에 먹기를 거부했다. 어쩌면 그들은 다윈이 어떻게 이런 음식을 맛있다고 먹을 수 있는 걸까 하며 의아해했을지도 모르겠다.

공교롭게도, 이 시타리아속*Cyttaria*의 여러 종이 오스트레일리아와 뉴질랜드의 남반구너도밤나무에서도 자란다. 오스트레일리아, 뉴질랜드와 푸에고섬이 아주 먼 옛날에는 곤드와나라는 하나의 초대륙으로 연결되어 있었다는 걸 모른다면, 그 두 지역 사이의 거리는 너무 멀지 않은가 하고 생각할 수도 있다. 사실 그 두 지역은 지리적으로 그렇게 멀리 떨어져 있지 않았다.

더 찾아보기: 마일스 버클리 목사

Dead Man's Fingers (*Xylaria polymorpha*) 다형콩꼬투리버섯

콩꼬투리버섯속*Xylaria*에 속하는 버섯으로, 새카맣게 탄, 어찌 보면 관절염에 걸린 손가락 같은 모양으로, 파묻혀 있거나 노출된 나무에서 자란다.[33] 다형콩꼬투리버섯의 영문명은 '시체손가락버섯', 긴발콩꼬투리버섯*Xylaria longipes*의 영문명은 '죽은창녀손가락버섯'dead moll's finger이다. 이 이름들이 가리키는 '손가락'은 그 모양이 물렛가락이나 곤봉처럼 생겼는데, 짧은 원통 모양에 쪼글쪼글한 주름살이 있거나 금이 가 갈라져 있다. 콩꼬투리버섯속은 온대기후 지역보다 열대기후 지역에서 더 다양한 종을 볼 수 있다.

앞에서 말한 '손가락'들에 대해 균학자 마이클 쿠오Michael Kuo는 '옷 갈아입기 버섯'이라고 칭했다. 성숙해지면 검은색을 띠지만, 무성생식을 하는 무성 세대에는 하얀 가루 같은 분생자로 덮여 있다. 탄자니아에서는 죄를 지은 사람이 이 하얀 분생자를 몸에 문지르면 경찰의 코앞을 걸어가도 보이지 않는다고 믿는다.

최근에는 여러 대의 보통 바이올린의 몸통에 다형콩꼬투리버

---

33) xylos는 그리스어로 '나무'라는 뜻.

다형콩꼬투리버섯은 관절염에 걸린 손가락 같은 모양으로
영문명은 '시체손가락버섯'이다.

섯 균사를 접종했더니 스트라디바리우스 바이올린과 아주 비슷
하게 아름다운 소리를 내더라는 실험 결과가 있었다. 이 부생균
에 의해 생긴 그다지 공격적이지 않은 목재부후균이 오리지널 악
기의 모방할 수 없는 음색을 모방하는 데 중요한 역할을 했음을
의미하는 것으로 보인다.

더 찾아보기: 핵균류

Death Cap (*Amanita phalloides*) 알광대버섯
대개 갓은 황록색으로 기둥에 턱받이가 있고 밑동은 구근상이

다. 심하게 달콤한 냄새를 풍기는 알광대버섯은 균계를 대표하는 공공의 적 넘버원이다. 균계에 의한 모든 사망 사건의 90퍼센트를 차지하기 때문이다. 중간 크기의 알광대버섯 하나면 사람을 하나둘도 아니고 셋, 심하면 네 명까지 죽일 수 있다. 이 버섯을 먹은 사람은 죽어가면서도 이렇게 말한다.

"하지만 맛이 너무 좋았단 말이야…"

이 버섯을 먹은 사람들에게서 나타나는 초기 증상은 메스꺼움, 설사, 구토 등이다. '기껏 그 정도?'라고 생각할지도 모르지만, 이 버섯의 자실체에는 아마톡신과 팔로톡신독성 고리형 펩타이드이 들어 있다. 이 독성물질들은 가벼운 위장장애를 일으킨 다음에는 효소의 유전자 단백질 생산, 특히 간과 신장의 단백질 생산을 방해한다. 증상이 심한 경우에는 간과 신장을 이식해야 하고, 다행히 심각하지 않은 경우라도 수혈이나 신장 투석이 필요하다. 아마톡신은 어떤 온도에서도 활성을 잃지 않는 성분이라, 알광대버섯을 삶거나 끓이거나 오븐에 구워도 파괴되지 않는다.

알광대버섯은 북아메리카의 토종 버섯은 아니고, 아마도 20세기 초반에 유럽에서부터 유입된 것으로 보인다. 이 버섯을 아마니타 프린셉스*Amanita princeps* 또는 식용 버섯인 풀버섯*Volvariella volvacea*과 착각한 아시아 이민자들이 주로 이 독버섯의 희생자가 되었다.

더 찾아보기: 버섯독, 중독

Desert Truffles 사막 트러플

'가난한 자의 트러플'이라고 불리기도 하는 사막 트러플은 주발버섯과*Pezizaceae*와 덩이버섯과*Tuberaceae*에 속하는 자낭균으로, 모양은 둥그스름하거나 팽이 모양이다. 아프리카와 중동 같은 사막 지역에서 식재료로 쓰이는 소수의 버섯 중 하나인데, 이 버섯을 재가 될 정도로 바싹 굽거나 말려서 보관했다가 식재료로 쓰기도 한다. 이 버섯은 달짝지근한 맛이 나는데, 아마도 최고 21퍼센트에 이를 정도로 탄수화물 함량이 높기 때문일 것이다. 다른 트러플처럼 사막 트러플도 균근균이지만, 키 큰 나무보다는 키 작은 관목이나 초본성 식물과 균근을 형성한다. 꽃을 피우는 사막 식물인 태양장미*Helianthemum* spp.가 바로 그런 관목 중 하나인데, 티르마니아 니베아*Tirmania nivea*라는 트러플과 균근을 형성하며 자란다.

민속균학계에서 잘 알려진 전설 같은 두 토막의 이야기가 있다. 하나는 사막 트러플이 바로 광야에서 40년을 살아남은 이스라엘 사람들의 주식이었던 성경 속의 '만나'라는 것이고, 또 다른 하나는 칼라하리 사막에 사는 사람들에게서 전해지는 이야기인데, 이 버섯이 '번개새'[34]의 알이라는 것이다.

테르페지아속*Terfezia*, 티르마니아속*Tirmania*이 주발버섯과에 속

---

34) 번개를 불러온다는 남아프리카 신화 속 새 ─ 옮긴이.

하고 코이로미세스속^{Choiromyces}이 덩이버섯과에 속한다.

더 찾아보기: 민속균학, 건조내성균

Discomycetes 반균류

분류학상 일반적으로 '주발버섯'이라고 불리는 버섯들이 속한 자낭균류를 말한다. 하지만 여기에 속한 버섯이 모두 주발 또는 컵처럼 생긴 것은 아니다. 딱히 컵처럼 생기지는 않았다고 보이는 것들 중에서 어떤 것은 사람의 귀처럼 생겼고(다발귀버섯류^{Wynnea} $^{spp.}$), 어떤 것은 오렌지 껍질처럼 생겼다(들주발버섯류$^{Aleuria spp.}$), 골프공처럼 생긴 것(시타리아류$^{Cyttaria spp.}$), 안장처럼 생긴 것(안장마귀곰보버섯$^{Gyromitra infula}$), 뇌처럼 생긴 것(마귀곰보버섯류$^{Gyromitra spp.}$)도 있다. 곰보버섯과 대부분의 트러플이 반균류에 속한다. 주발처럼 생긴 반균 중에는 다색주발버섯$^{Peziza varia}$, 보라주발버섯^{Peziza} ^{violacea}, 접시버섯$^{Scutellinia scutellata}$, 연한살갗버섯류$^{Mollisia spp.}$, 황색고무버섯$^{Bisporella citrina}$ 등이 있다.

반균류의 자실체는 자낭반^{apothecia}이라고 부르는데, '저장고'를 뜻하는 그리스어 'apotheke'에서 온 말이다. 따지고 보면 모든 자실체는 포자의 저장고다. 포자를 품고 있는 자낭의 위나 옆구리에 작은 뚜껑이나 딱지가 붙어 있는 종도 있고, 이런 장치가 없는 종은 뚜껑 대신에 자낭의 세공이나 불규칙하게 갈라진 틈에 포자를 품고 있다가 곤충이나 빗방울 또는 작은 포유동물에 의해 자

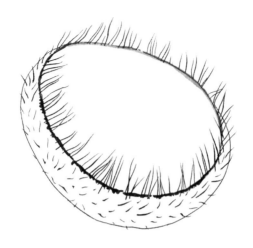

접시버섯은 주발처럼 생긴 반균이다.

낭이 터지면 포자를 날려 보낸다.

자낭반에 입김을 불거나 손가락으로 건드리면, 말불버섯이 포자를 뿜어낼 때처럼 포자의 구름이 형성되면서 포자가 방출되는 것을 볼 수 있다.

더 찾아보기: 자낭균문, 곰보버섯류

Djon Djon 디욘디욘

색깔이 짙은 눈물버섯속*Psathyrella*의 버섯들을 일컫는 아이티의 일반 명칭이다. 주로 나무 밑동에서 무리를 지어 자란다. 이 이름은 아마도 버섯을 뜻하는 프랑스어 샴피뇽^{champignon}이 와전된 것 같다.

대개 아르티보니트강 계곡과 그 주변에서 채취되는 디욘디욘은 아이티에서 가장 가치가 높은 버섯이다. 세례식, 결혼식, 종교적 모임이나 기타 중요한 행사가 열릴 때 손님들에게 내는 음식의 재료로 자주 쓰인다. 이 버섯만 가지고 음식을 만들어 먹기보다는 쌀밥과 함께 먹는다. 기둥은 이 사이에 잘 끼기 때문에 제거하고 조리해야 한다. 사실 아이티 사람들은 이 버섯 자체를 먹기보다는 이 버섯을 끓인 물을 밥에 끼얹거나 그 물에 밥을 말아 먹는다. 북아메리카나 아이티 사람들은 이 버섯 자체를 식용하지 않지만, 양념을 만드는 회사인 매기^{Maggi}사에서는 디욘디욘 맛이 나는 각설탕 모양의 양념을 생산한다.

DNA 분석에 따르면 아이티의 시장에서 포장되어 팔리는 디욘디욘 양념 안에는 최소한 두 종 이상의 눈물버섯이 들어 있다고 한다. 북아메리카 사람들은 대부분 눈물버섯 요리에 눈을 찡그리며 고개를 돌리지만, 반투족과 카메룬의 바기옐리 피그미족 같은 서아프리카 사람들은 눈물버섯을 먹는다. 따라서 아이티의 눈물버섯 요리법은 노예 무역과 함께 대서양을 건너온 것으로 추정할 수 있다.

Dry Rot (*Serpula* spp.) 녹슨버짐버섯류

이 버섯의 라틴어 학명 *Serpula*는 '독사'를 의미한다. 자리를 잡고 생장하는 동안의 잠행성과 물결 모양의 표면 덕분에 이런 이름을 얻었다.

균계의 '강가 딘'[35]인 녹슨버짐버섯류는 균사가 4.5미터 이상 뻗어나가면서 물을 빨아들일 수 있다. 이 버섯의 균사는 플라스틱이고 벽돌이고 가리지 않고 뚫고 지나간다. 이 버섯 또는 서로 합쳐진 균사다발에서 물방울이 뚝뚝 떨어지는 것을 볼 수 있다. 실내에서 자라는 녹슨버짐버섯류이자 갈색부후균의 일종인 녹슨버짐버섯이 왜 *lacrymans*라는 학명을 갖게 되었는지 충분히 이해가 가는 일이다. *Lacrymans*는 라틴어로 '울고 있는'이라는 뜻이다. 녹슨버짐버섯류는 제2차 세계대전 중 런던에서 번성했다. 당시 런던은 수시로 날아드는 독일군의 폭격으로 화재를 진압하느라 건물마다 엄청난 양의 물을 뿌렸고, 폭격으로 이미 약해진 데다 흥건하게 젖은 건물은 버섯이 생겨나기에 더할 나위 없이 좋은 환경이었다.

35) Gunga Din: 러디야드 키플링의 소설 제목이자 이 소설을 바탕으로 1939년에 제작된 미국 영화의 제목. 주요 등장인물인 강가 딘은 영국군이 되고자 하는 인도인이다. 영국군을 따라다니며 물 배달꾼으로 일하고, 영국군이 위기에 처했을 때 위험을 무릅쓰고 활약해 결국 정식 영국 병사가 된다. 영화는 1954년 우리나라에서 「강가 딘」이라는 제목으로 상영되었다―옮긴이.

'건조부후균'^{Dry Rot}이라는 영어 일반 명칭은 녹슨버짐버섯류가 목재³⁶⁾를 바싹 마른 가루처럼 만들어버린다고 해서 생겼다. 녹슨버짐버섯류의 공격을 받은 배를 여러 척 목격한 경험이 있었던 새뮤얼 페피스^{Samuel Pepys}는 1683년에 그런 배들이 '가루가 되어 사라졌다'고 기록했다. 최근의 DNA 연구에 따라서 녹슨버짐버섯속을 그물버섯과로 분류하게 되었는데, 그물버섯이 목조 가옥을 먹어치운다는 것을 생각하면 이 분류가 부정확하다고 말할 수는 없을 것 같다.

또 다른 종인 세르폴라 히만티오이데스^{Serpula himantioides}는 대개 들판이나 숲속에서 이미 죽었거나 죽어가는 나무에서 볼 수 있지만, 아직은 사람이 나무로 지은 집에서는 발견된 적이 없다. 아마도 녹슨버짐버섯도 원래는 들과 산에서 발견되다가 차츰 사람이 지은 목조 가옥의 나무에서 살기 시작한 것 같다. 집 짓는 데 쓰인 목재도 결국은 죽은 나무이기에 균에게는 아주 만만한 기질이었을 것이다.

Dutch Elm Disease (*Ophiostoma* spp.) 느릅나무시들음병

간편하게 줄여서 DED로 칭하기도 한다. 느릅나무시들음병균류은 자낭균에 속하는 전염성 기생균이다. 영어식 일반 명칭은

---

36) 주요 타깃은 셀룰로오스다.

'네덜란드 느릅나무병'Dutch Elm Disease인데, 이 균의 원산지가 네덜란드여서가 아니라 이 균을 처음 식별해낸 학자가 네덜란드 출신이어서다.

느릅나무시들음병의 매개체는 느릅나무좀벌레인데, 아마도 이 균에 감염된 목재로 만든 가구 또는 바닥짐으로 배에 실려 아시아에서 북아메리카로 들어온 것으로 보인다. 아시아의 느릅나무들은 이 균의 영향을 받지 않지만 다른 지역의 느릅나무들, 특히 늙었거나 병들어 이미 약해진 개체들은 금방 타격을 받는다. 이 병균은 자신의 세포로 느릅나무의 물관부를 틀어막음으로써 나무의 굵은 줄기로부터 잎까지 물이 흐르지 못하게 한다. 느릅나무좀벌레를 통해 효과적으로 매개되는 이 균의 포자 때문에, '미국에서 가장 인기 있는 수종'이라고 불리던 느릅나무의 대부분은 이 균이 북아메리카 대륙에 도달한 후 30년 이내에 고사했다.

이 균에 내성을 가진 개체를 교배하거나 강력한 살균제를 동원하면서 지금도 DED와 싸우고 있다. 그러나 멈출 줄 모르는 지구온난화 현상은 이 균의 포자를 매개하는 느릅나무좀벌레의 확산을 촉진하고 있다. 이러한 현상은 미국 동부와 유럽의 너도밤나무에 큰 피해를 입힌 너도밤나무껍질병균의 매개 곤충들이 이미 똑똑히 보여주었다.

더 찾아보기: 밤나무줄기마름병

Dyes 염료

곰팡이를 염료로 쓰는 염색법은 세계 곳곳의 여러 문화권에서 오래전부터 있어왔다. 북아메리카 서부의 원주민들은 한때 인디언물감버섯*Echinodontium tinctorium*이라 불리는 구멍장이버섯에서 얻은 붉은 염료를 얼굴에 칠했고, 그 때문에 '홍인'red men이라고 불리기도 했다. 원주민들이 붉은 염료를 얻는 데 그 버섯을 썼다는 것은 사실이지만, 인디언물감버섯의 용도를 이 정도로만 국한한다면 민속균학을 제대로 이해하지 못하는 것이다.

요즈음에는 버섯을 염료로 울이나 실크를 염색하는 것이 인기 있는 공예가 되었다. 이 염색에는 칼륨명반, 황산제일철, 염화주석 등이 매염제로 쓰인다. 두 종의 버섯, 전나무끈적버섯아재비*Cortinarius semisanguineus*와 노란반달버섯*Hapalopilus rutilans*이 염료로 가장 선호되고 있다. 이 버섯들로 염색하면 평범한 울이 환한 빨간색 또는 자주색으로 물든다. 버섯 염료로 인기 있는 또 다른 종은 해면버섯*Phaeolus schweinitzii*, 좀은행잎버섯*Tapinella atrotomentosa*, 모래밭버섯류*Pisolithus* spp. 등이 있다. 특히 모래밭버섯류는 모직물을 아주 진한 황갈색으로 물들여준다.

사실 거의 모든 버섯이 염색에 쓰일 수 있다. 느타리버섯을 먹지 않는 사람이라면 이 버섯에서 녹회색 염료를 얻을 수 있고, 그물버섯을 먹지 않는 사람이라면 이 버섯에서 적황색 염료를 얻을 수 있다.

E

땅에서 솟아나는 이런 종의 버섯을 처음 보면,
마치 지구가 자신을 남용하는 인간들에게 혀를 쏙 내밀고
'메롱!' 하고 조롱하는 듯이 보이기도 한다.

Earth Tongues (Geoglossaceae) 콩나물고무버섯류

가늘고 긴 기둥에 납작한 갓이 달렸고 검은색, 주황색, 노란색 등 색깔이 다양하다. 현미경으로 포자를 관찰해야 종을 식별할 수 있다. 이들의 포자는 길이가 150마이크론[37] 정도. 쉽게 비교하자면, 이 문장 끝에 찍히는 마침표의 지름이 약 500마이크론 정도된다.

이끼(특히 물이끼), 축축한 풀밭, 흙, 낙엽 더미, 썩어가는 침엽수의 바늘잎, 강변의 낮은 풀밭 가장자리, 이끼 낀 토탄 등이 콩나물고무버섯류가 좋아하는 서식지다. 유럽에서는 몇몇 종의 콩나물고무버섯을 옛날에 목초지와 풀밭이 있었음을 암시하는 지표종으로 간주한다.

콩나물고무버섯과에는 콩나물버섯속, 좀콩나물버섯속, 넓적콩나물버섯속Spathularia, 마귀숟갈버섯속 등이 있는데, 마지막의 마귀숟갈버섯속은 잔털로 덮여 있는 것처럼 보이지만 실은 털이 아니라 강모setae라 불리는 무성 세포다. 땅에서 솟아나는 이런 종의 버섯을 처음 보면, 마치 지구가 자신을 남용하는 인간들에게 혀를 쏙 내밀고 '메롱!' 하고 조롱하는 듯이 보이기도 한다. 그래서 영어 일반명이 '지구의 혀'Earth Tongue다.

37) 1마이크론은 100만 분의 1미터를 말한다.

마귀순갈버섯은 인간들에게 혀를 쏙 내밀고 조롱하는 듯 보여
영어 일반명이 '지구의 혀'(Earth Tongue)다.

Ectomycorrhizal Fungi 외생균근균

균사체와 식물 뿌리의 결혼. 그 식물의 뿌리는 나무나 땅 위로
자실체를 솟아나게 한다. 중간 크기 또는 그보다 큰, 살집이 실한
버섯이라면 대개 이런 결혼의 산물이다.

외생균근균의 균사체와 그 기주는 화학적 신호로 첫인사를 나
누고, 만약 그 인사에서 서로가 마음에 들었다면 균사체가 마치
외투를 입히듯 기주의 뿌리를 균사로 감싸 피막을 형성한다. 처
음 이 외투를 발견한 19세기 독일 식물학자의 이름을 따서 '하르
티그 그물'Hartig net이라 부르는데, 이 외투는 식물의 뿌리가 토양
으로부터 무기질소, 인, 칼슘, 아연 그리고 물을 빨아들일 수 있도
록 도움을 준다. 그 보답으로 기주는 자신이 광합성으로 생성한

당분의 최대 20퍼센트를 균사에게 내주고, 균사는 그 당분을 재빨리 트레할로스와 글리코겐으로 바꿔 저장한다. 기주 단 한 그루의 뿌리에도 수많은 버섯이 연결될 수 있으므로, 이 결혼은 일부다처제(또는 일처다부제)를 허락한다고 볼 수 있다.

외생균근균과 연결된 나무들은 토양에서 엄청난 양의 이산화탄소를 빨아들여 자신의 파트너들과 나눈다. 안타깝게도 대기 오염과 독성 폐기물은 거의 모든 토양에 악영향을 주고, 외생균근균과 기주의 관계에도 악영향을 끼친다. 따라서 외생균근균 버섯[38]은 앞으로 점점 줄어들지도 모른다.

더 찾아보기: 내생균근균

Endomycorrhizal Fungi 내생균근균

수지상균근균이라고도 불린다. 내생균근균에 속하는 종은 250종 남짓밖에 되지 않지만, 약 30만 종의 육지 식물에 영양분을 공급한다. 이 균의 대부분이 분류학상 글로메로균문*Glomeromycota*에 속한다.

내생균근균은 기주와 만나면 그 뿌리 속으로 뚫고 들어가는 수지상체라는 가지를 형성해서 이 가지를 통해 기주 식물에게 수분과 영양분을 제공한다. 토양 속의 중금속 같은 독성 물질로부터

---

38) 버섯의 대부분이 이 범주에 속한다.

식물의 뿌리를 보호해주는 것은 물론이고, 이들이 공급해주는 인은 식물에게 더욱 중요하다. 대부분의 작물, 채소 그리고 과일나무 같은 거의 모든 관다발식물이 바로 이런 관계를 맺고 살아간다. 그러므로 정원용품을 파는 상점에서 밀봉 포장된 내생균근균을 파는 것도 전혀 신기한 일이 아니다.

외생균근균과는 달리, 내생균근균 중에서 아주 일부만이 자실체를 맺는다. 하지만 자실체가 없는 내생균근균도 대개는 엄청난 양의 포자를 생산함으로써 자실체가 없다는 단점을 보충한다. 약 4억 5,000만 년 전에 형성된 실루리아기의 화석에서 이런 포자가 발견된 것으로 미루어, 내생균근균이나 그 조상은 지구에서 가장 오래된 균으로 추측된다. 이 균은 아마도 관다발식물의 조상이라 할 수 있는, 선태류와 비슷한 생물과 관계를 형성했던 것으로 보인다. 사실 이들은 이미 10억 년쯤 전부터 광합성을 하는 수중 식물과 균근관계를 형성했을지도 모른다.

내생균근균은 점점 감소하고 있지만, 대기 중 이산화탄소 농도의 증가로 기온이 높아지고 있는 환경은 지구에서 내생균근균의 숫자를 증가시키고 있는 것으로 보인다.

더 찾아보기: 외생균근균

Endophytes 내부기생균

대부분의 작은 버섯들은 나무뿌리, 잎, 껍질 그리고 목질부에 군집을 이루어 기생하지만 식물 자체에 피해를 주지는 않는다. 결과적으로 내부기생균은 기주에게 균근균과 비슷한 이득을 주기 때문에 기주로부터 별다른 저항을 받지 않는다. 내부기생균은 질병, 박테리아, 환경으로부터의 스트레스 등에 대한 저항을 도와줄 뿐만 아니라 나무껍질에 구멍을 내고 잎을 갉아대는 곤충들을 멀리 쫓아내는 이차 대사산물을 생산한다. 하지만 기주가 죽으면, 기주가 갖고 있던 영양분을 가장 먼저 흡수한다.

대부분의 내부기생균은 자낭균으로, 다양한 종류의 목초에 무상임차해 살아가는 에피클로에속^{Epichloë}, 식물의 뿌리를 식민지로 삼고는 기주에게 해로운 다른 균들에 기생함으로써 기주를 보호하는 트리코데르마속^{Trichoderma} 등이 내부기생균에 속한다. 전부는 아니지만 대부분이 그렇다.

담자균 중에도 내부기생균으로 변신해서 살아갈 수 있는 종류가 몇 종류 있다. '부싯깃버섯'이라고도 알려진 말굽버섯이 그런 류인데, 종종 유럽너도밤나무를 보호하는 행동을 보인다. 애초에 부생균인 이 버섯은 나중에 기주가 죽으면 결국은 자기 차지가 될 것을 알고 있기 때문이다.

균이 아닌 유기체, 심지어는 항진균성 유기체가 내부기생을 할 수도 있다. 식물의 잎에 난 잔털에 붙어살다가, 나뭇잎에 곰팡이가 자라기 시작하면 그 곰팡이를 먹어치움으로써 식물의 잎을 보호하는 아주 작은 식균성 진드기가 바로 그런 예다.

Ergot 맥각

자낭균인 맥각균*Claviceps purpurea*의 균핵으로, 작은 바나나처럼 생긴 모양에 색깔은 검은색이다. 이 균은 기주[39]의 암 생식기씨방를 균핵으로 변형시킨다.

여기까지만 들어도 아주 교활한 녀석이라는 느낌이 들 터인데, 그 교활함은 여기서 멈추지 않는다. 맥각알칼로이드[40]가 사람의 음식에 섞여들면 아주 여러 가지로 피해를 준다. 혈관을 수축시켜서 그 음식을 먹은 사람의 사지에 경련성 발작을 일으킨다. 이런 증상을 한때 '성 안토니우스의 불'이라고 불렀다. 피부를 괴사시켜 팔다리를 잃게 만드는 괴저병 같은 증상을 일으키기도 한다. 맥각이 든 음식을 먹고 즉사하는 사람도 적지 않다. 멀게는 944년 프랑스 남부에서 4만 명이 맥각병으로 죽었고, 가깝게는 1926년 러시아에서 만 명이 사망했다. 1692년 미국 세일럼에서 일어난 마녀사냥의 광기는 어쩌면 맥각균이 있는 호밀을 먹은 사람들로 인한 것일지도 모른다.

반면에 긍정적인 측면을 보자면, 맥각 추출물이 출산의 고통이나 편두통을 완화시켜주기도 한다. 또한 리세르그산 다이에틸아마이드, 즉 LSD라고 알려진 물질은 1943년 스위스의 화학자 알

---

39) 대개 호밀, 보리 또는 기타의 초본식물이다―옮긴이.
40) 맥각균을 천적으로부터 보호하기 위한 장치.

맥각은 혈관을 수축시켜 팔다리를 잃게 만드는
괴저병 같은 증상을 일으키지만
출산의 고통이나 편두통을 완화시켜주기도 한다.

베르트 호프만^{Albert Hofmann}이 맥각균의 약리적 성질을 연구하다
가 우연히 발견한 맥각균의 파생물이다.

더 찾아보기: 균핵

Ethnomycology 민속균학

민속학과 균학이 만나 서로 다른 여러 문화의 관습, 신앙, 민간
전승, 의약, 음식 속에서 균이 어떻게 이용되는지를 연구하는 학

문이다. 요즈음 버섯을 약리적으로 이용하려는 다소 과도한 움직임은 21세기에 이르러 민속균학이 얼마나 활성화되어 있는지를 보여준다.

민속균학의 전형적인 몇 가지 예를 들어보자. 북서태평양 지역에서는 한때 말굽버섯의 가루를 탈취제로 사용했다. 독일 사람들은 한때 수사슴이 발정한 곳에서 말뚝버섯이 생겨난다고 믿었다. 콩코의 일부 피그미족은 거대한 외계 버섯으로부터 지구가 생겨났다고 믿었고, 알래스카주의 유픽족은 버섯을 '악마의 귀'라고 부르며 발로 짓밟는다. 자신들이 하는 말을 버섯이 엿들을까 두렵기 때문이다. 칠레의 마푸체족은 버섯이 빨리 자실체를 맺도록 달래는 노래를 부른다. 오스트레일리아 원주민들은 입안이 헐었을 때 밝은 주황색 구멍장이버섯을 빨면서 상처를 치료한다. 캐나다 서부 지역 이누이트는 갓난아기에게 말불버섯의 포자를 뿌린다. 그렇게 하면 나중에 아기가 자라서 원할 때마다 투명인간이 될 수 있는 초능력이 생긴다고 믿기 때문이다.

'민속균학'이라는 명칭은 민속식물학ethnobotany에 대한 대안으로 고든 와슨Gordon Wasson이 만든 것이다. 와슨은 종종 민속식물학의 아버지로 일컬어지기도 한다.

더 찾아보기: 말굽잔나비버섯, 아마두, 차가버섯, 요정의 고리, 광대버섯, 이크믹, 퍽, 마리아 사비나, 테오나나카틀, 고든 와슨

F

시베리아 원주민들은 조상들과 만나기 위해
광대버섯을 이용했다. 그들은 조상의 영혼을 만나려면
우선 공중 부양을 해야 한다고 믿었다.

Fairy Rings 요정의 고리

요정들의 난리법석 잔치, 땅에 내리꽂힌 번개, 사랑에 미친 고슴도치, 발푸르기스 전야제[41]에서 마녀들이 추는 춤, 심지어 최근 들어서는 UFO가 착륙했던 자리라고 일컬어졌던 요정의 고리는 사실 균의 균사체들이 토양의 양분을 모두 빨아들여 고갈시킨 뒤 밖으로 뻗어나와 자라면서 생긴 것이다. 그래서 이 고리의 한가운데에는 괴저성 구역이 만들어진다. 양분을 충분히 흡수한 균사체는 둥그런 원을 그리며 자실체를 맺어서 버섯고리를 만든다. 환경에 따라서 요정의 고리는 지름이 매년 십여 센티미터에서 수십 센티미터씩 확장된다.

요정의 고리 중에는 나이가 아주 많은 것도 있다. 보라색 포자를 가진 큰말징버섯*Calvatia cyathiformis*은 400년 이상을 살 수 있다. 잉글랜드 남부 스톤헨지 근처에는 최소한 만 살은 되었을 것으로 추정되는 요정의 고리가 있다.

요정의 고리를 만드는 버섯 60종 중에서 가장 유명한 종인 선녀낙엽버섯*Marasmius oreades*은 잡초를 죽이는 청산靑酸을 생성함으로써 괴저 과정을 돕거나 부추긴다. 진짜 요정이라면 그런 미움 받을 행동은 하지 않을 것이다.

41) Walpurgis Night: 마녀들이 악마의 산에 모여 잔치를 벌인다는 독일의 민간전승─옮긴이.

요정의 고리는 균의 균사체들이 토양의 양분을 모두 빨아들여
고갈시킨 뒤 밖으로 뻗어나와 자라면서 생긴 것이다.

요정의 고리를 형성하는 버섯 중에는 도장부스럼이라는 감염성 피부염을 일으키는 것도 있다. 물론 이 버섯 역시 요정들의 난리법석 잔치와는 상관이 없다.

더 찾아보기: 퍽

Fiction 소설

버섯은 소설에 굉장히 자주 등장한다. 누군가를 죽일 목적으로 쓰일 수 있기 때문만이 아니라 때로는 버섯 자체가 허구의 작품인 것 같기 때문이다. 『이상한 나라의 앨리스』 외에도 버섯이 등장하는 소설이 몇 권 더 있다.

—『보라색 버섯』*The Purple Pileus*: H.G. 웰스 Wells의 단편 소설. 증오심 가득한 아내와 사는 소심한 점원이 자신의 삶을 개선하기 위해 환각버섯을 이용한다.

—『코끼리 바바』*Babar the Elephant*: 장 드 브루노프 Jean de Brunhoff가 쓴 동화. 코끼리의 왕이 독버섯을 먹고 죽는다.

—『안나 카레니나』: 레프 톨스토이 Lev Tolstoy의 소설. 버릇없이 제멋대로 굴던 아이가 버섯을 따러 간다는 기대감에 온순해지고, 여자에게 프러포즈를 하려던 남자가 프러포즈 대신 여자와 함께 버섯을 감별한다.

—『잃어버린 세계를 찾아서』: 쥘 베른 Jules Verne의 소설. 지하 세계에서 거대한 버섯의 숲을 통과한다.

—『밤의 목소리』*The Voice in the Night*: 영국 작가 윌리엄 호프 호지슨 William Hope Hodgson의 공포 소설. 배가 난파되어 심술궂은 버섯으로 가득한 섬에 올라간 한 남자가 등장한다.

—『버섯 행성 밀항자』*Stowaway to the Mushroom Planet*: 엘리노어 캐머런 Eleanor Cameron의 동화. 우주선을 타고 바시디움이라는 행성으로 간 두 소년의 이야기.

—『사건기록』*The Documents in the Case*: 도로시 세이어스 Dorothy Sayers의 미스터리 소설. 버섯이 무기로 쓰인다. 작가가 균학에 대해 아무것도 모르면 스토리가 어떻게 전개되는지를 보여주는 전형적인 작품.

Fly Agaric (*Amanita Muscaria*) 광대버섯

상대적으로 큰 편에 속하는 버섯으로, 빨간색 갓 위에는 하얀 혹이, 갓 아래에는 마치 치마를 입은 듯한 턱받이가 있다. 영어 일반명 Fly Agaric은 이 버섯을 우유와 함께 접시에 담아 놓으면 파리를 죽이거나 적어도 움직이지 못하게 마비시킨다는 믿음에서 붙여진 이름이다.

세상에서 가장 유명한 버섯 가운데 하나로, 크리스마스카드 도안으로도 자주 쓰이고, 마리화나 사용자들이 드나드는 웹사이트에서도 자주 볼 수 있다. 1940년 월트 디즈니의 애니메이션 「판타지아」에도 등장하고 구소련의 체제 선전용 만화에서는 광대버섯 군대가 나타나 부르주아들에게 "너를 죽이고야 말겠어"라고 협박한다. 인기 있는 닌텐도 비디오 게임에서도 꼬마였던 마리오가 광대버섯 덕분에 슈퍼 마리오가 된다.

시베리아 원주민들은 세상을 떠난 조상들과 만나기 위해 광대버섯을 이용했다. 그들은 조상의 영혼을 만나려면 우선 공중 부양을 해야 한다고 믿었다. 그런데 이 버섯에 들어 있는 알칼로이드인 이보텐산과 무스시몰은 체내의 세로토닌 수치를 급격히 높여서 사람이 마치 하늘을 나는 듯한 환각을 느끼게 할 뿐만 아니라 황홀경에 빠지게 하거나 주체할 수 없이 졸리게 만든다. 같은 광대버섯이라도 알칼로이드의 농도는 개체마다 다르기 때문에, 똑같은 양의 광대버섯을 먹었더라도 어떤 사람은 하늘을 나는 환각

광대버섯은 빨간색 갓 위에는 하얀 혹이,
갓 아래에는 치마를 입은 듯한 턱받이가 있다.

을 느끼지만 어떤 사람은 땅 위에서 떠오르는 기분을 느끼지 못
한다.

이 버섯의 독성에 대한 여러 주장과 영국 탐정 소설에 등장하
는 수많은 스토리에도 불구하고 실제로 이 버섯이 사람을 죽게
만든 기록은 없다.

더 찾아보기: 이상한 나라의 앨리스, 베르제르커버섯, 모데카이 큐빗 쿡,

민속균학, 페그티멜, 산타클로스, 고든 와슨

Fly Killers (*Entomophthora muscae*) 파리분절균

영어 일반명이 Fly Killer라서 광대버섯^{Fly Agaric}과 헷갈리기 쉽다. 파리분절균은 파리를 잡는 데는 파리채 못지않게 효과적인 기생균이다.

접합균인 파리분절균을 살펴보자. 공중으로 퍼져나간 이 균의 포자는 표면이 끈적끈적해서 파리에게 잘 달라붙는다. 그렇게 달라붙은 다음에는 효소를 분비해 파리의 외피를 뚫고 발아관을 뻗어서 파고들어간다. 얼마 안 가 균사체가 파리의 숨구멍이나 기관을 막는다.

뿐만 아니라 균사의 침입을 받은 파리[42]는 마치 술에 취한 것처럼 비틀거리며 날아다니다가 균이 좋아할 만한 기질에게 주둥이를 갖다 붙이고는 날개를 활짝 펴서 죽기 직전에 복부를 잔뜩 팽창시킨다. 다시 말해 짝짓기를 하고 싶어 하는 암컷의 자세를 취하는 것이다. 그러면 다른 수컷 파리가 아무것도 모르고 암컷인 척하는 수컷과 짝짓기를 시도한다. 스스로 또 다른 기주가 되는 것이다.

셜록 홈즈가 파리분절균이 파리에게 하는 짓을 보았다면, "교활하군!"이라고 말했을 법하다. 파리분절균에 감염되어 유리창에 달라붙은 채 죽은 파리를 종종 볼 수 있는데, 죽은 파리 주변에

---

42) 대개 수컷이 희생된다.

흰색의 원이 후광처럼 남아 있어서 쉽게 알아볼 수 있다. 이 후광에 종교적인 의미는 전혀 없다. 포자를 품고 있는 파리분절균의 특수한 관에서 뿜어져나온 분생자의 흔적일 뿐이다.

또 다른 종인 엔토모프토라 코로나타$^{Entomophthora\ coronata}$는 똑같은 방식으로 모기를 제거해준다.

더 찾아보기: 동충하초, 좀비 개미, 접합균문

Fries, Elias Magnus 엘리어스 매그너스 프라이스

'버섯 분류학의 아버지'라고 불리는 스웨덴 출신의 균학자 프라이스$^{1794~1878}$가 세 권으로 출간한『균학의 체계』$^{Systema\ mycologicum}$는 수많은 종의 균을 한자리에 모아놓은 최초의 종합 카탈로그였다.

프라이스가 평생에 걸쳐서 기록한 균류는 3,000종이 넘었다. 그는 균의 특징은 경험적인 관찰로만 분명히 기술할 수 있다고 믿었기 때문에 크기와 형태 그리고 포자의 색깔을 위주로 균을 기록했다. 이러한 분류방식은 지금도 '프라이스 분류법'이라고 부른다.

그는 거의 대부분의 관찰을 복합현미경보다 해부현미경에 의존했는데, 미세균류를 '열등하다'고 평가하고 거의 무시하면서 '고귀한' 거대균류에만 관심을 두었기 때문이다. 또한 균의 냄새에는 거의 관심을 갖지 않거나 기록할 생각을 하지 않았다. 아마도 평생 코담배를 피운 탓에 비관이 막혀서 후각이 거의 마비되었던 것 같다.

더 찾아보기: 냄새

G

버섯의 주름은 그 주름을 가진 버섯에게는
예외 없이 가장 중요한 부분이다.
여기서 그 버섯의 포자가 방출되기 때문이다.

Gastrointestinal Tract 위장관

대부분의 버섯 중독이 일어나는 장소. 버섯 중독의 증상으로는 메스꺼움, 구토, 복부 경련, 설사 등이 있다. 먹어서는 안 될 버섯을 먹었거나 해산물 알레르기처럼 버섯 알레르기가 원인일 수 있다.

또 한 가지 원인을 들자면, 인터넷을 지목할 수 있다. 옳지 않은 버섯 식별법이 인터넷에 난무하기 때문이다. 버섯에 대해 아무런 상식도 없는 사람이 휴대전화로 버섯의 사진을 찍어서는 아무 학명이나 갖다 붙여서 포스팅을 한다. 어쩌다가 비슷한 버섯을 발견한 사람이 신이 나서 그 버섯을 먹는다. 그리고 그 결과는? 문턱이 닳도록 화장실을 들락거리거나 응급실에 실려가는 것이다.

안전하게 먹을 수 있는 버섯이라도 부패했거나 상했을 경우 사람의 몸에 이상을 일으킬 수 있다. 슈퍼마켓에서라면 상한 버섯을 팔지 않겠지만, 산이나 들에서 평범한 사람의 눈에 발견된 버섯 중에는 상했어도 먹음직스럽게 보이는 것들이 있을 수 있다. 또한 먹을 수 있는 버섯이라 해도 살균제나 살충제를 뿌린 지역 또는 차량 통행이 많아 대기 중 이산화탄소량이 특히 많은 도로 근처에서 채취한 버섯은 소화관에서 매우 불쾌하거나 위험한 반응을 일으킬 수 있다.

노약자, 어린이, 면역력이 약한 사람이라면 위장관에서의 중독 증상에 특히 더 민감할 수 있다.

더 찾아보기: 중독

Gills 주름

버섯의 갓 밑면에 방사상으로 형성되어 있는 구조물로, 균학자 엘리자베스 무어랜데커Elizabeth Moore-Landecker의 말에 따르면, '반쯤 펼쳐놓은 책의 낱장들과 비슷한' 모양새다. 주름을 가진 버섯은 종종 '주름버섯'으로 불린다.

버섯의 주름은 그 주름을 가진 버섯에게는 예외 없이 가장 중요한 부분이다. 여기서 그 버섯의 포자가 방출되기 때문이다. 버섯의 주름은 중력굴성이 강해서, 버섯의 아래위를 살짝 뒤집어놓으면 주름은 어떻게 해서든 다시 수직으로 곤추선다. 그래야만 포자를 떨어뜨리기에 좋기 때문이다.

주름과 버섯의 기둥이 어떻게 붙어 있느냐에 따라서 떨어진 붙음,[43] 띠붙음,[44] 치붙음,[45] 내리붙음,[46] 약간 내리붙음[47]으로 구분한다.

---

43) 주름살이 대와 붙지 않고 떨어진 형태. '떨어진주름살' 또는 '떨어진형'이라고도 한다.

44) 주름살이 대 부분에서 띠 모양으로 두껍게 붙은 형태. '바른주름살' 또는 '완전붙은형'이라고도 한다.

45) 주름살이 대 부분에서 치켜 붙으며 극히 좁아져서 끝부분만 붙은 형태. '올린주름살' 또는 '끝붙은형'이라고도 한다.

46) 주름살이 대 부분의 아래쪽까지 길게 내리붙은 형태. '내린주름살' 또는 '내린형'이라고도 한다.

47) 주름살이 대를 따라 아래쪽으로 약간 뻗으며 붙은 형태.

사람의 피부처럼 버섯의 주름도 나이를 먹으면서 색깔이 변하는 경향이 있다. 예를 들면, 턱받이포도버섯*Stropharia rugosoannulata*의 주름은 처음에는 흰색이나 크림색이었다가 회색빛이 도는 보라색으로, 마지막에는 거무스름하게 변한다. 그러나 주름의 색과 포자의 색이 항상 같은 것은 아니다. 따라서 버섯의 종을 구별하기 위해서는 표본의 포자문을 뜨는 것이 좋다.

더 찾아보기: 담자균문, 불러의 물방울, 포자문

Green Stain (*Chlorociboria* spp.) 녹청균류

청균이라고도 불린다. 종종 색바랜 등산로 표시와 헷갈리거나 가문비나무 변재[48]에 회녹색 또는 청색 얼룩을 만드는 레프토그라피움 아비에티눔*Leptographium abietinum*과 헷갈리기도 하는 이 독특한 얼룩은 사실 자일린데인이라고 알려진 퀴논계 염료다. 자일린데인은 자낭균의 일종인 녹청균류의 균사체가 만들어낸다.

이 얼룩은 썩어가는 낙엽성 교목, 특히 참나무에서 볼 수 있는데, 균의 세계에서도 자기 영역을 지키려는 깡패 같은 녀석이 있다는 걸 보여주는 사례다. 균의 입장에서 "이 나무는 내 거야. 나혼자 먹을 거니까 얼씬도 하지 마!"라고 다른 균사들에게 선전포고를 하는 셈이다.

48) 통나무의 겉 부분─옮긴이.

가을에 녹색 얼룩이 있는 나무를 굴려서 뒤집어보면, 초록색을 띤 예쁘장한 주발버섯들이 무리 지어 있는 것을 볼 수 있다. 이 주발버섯도 녹색 얼룩을 만들어낸 균사체의 작품이다.

녹청균류의 피해를 입은 나무의 목재는 굉장히 아름다워진다. 18세기와 19세기 영국에서는 이 균의 흔적이 남아 녹색을 띤 목재로 상감 공예를 한 턴브리지Tunbridge라는 가구가 큰 인기를 끌었다.

더 찾아보기: 스폴팅

H

잣뽕나무버섯의 균사체로 밝혀진
이 거대 버섯은 지구상에서
가장 큰 생명체로 간주되고 있다.

Hair Ice 헤어 아이스

한대기후 지역이나 온대기후 지역의 겨울철 이른 아침에 아주 드물게 볼 수 있는 신기한 현상이다. 대륙이동설을 주장한 독일의 지구물리학자 알프레드 베게너*Alfred Wegener*에 의해 처음 알려졌다.

헤어 아이스가 발생하려면, 땅이 아니라 나무 속에 숨은 수분이 나무 밖으로 밀려나와야 한다. 빙점 또는 빙점 이하의 온도에서도 어떤 균들의 균사는 자기들이 선택한 나무를 부패시키기를 멈추지 않는다. 이 과정에서 생성된 수분이 나무의 수방선, 즉 나무의 중심에서 표면을 향해 방사상으로 뻗어나간 선을 따라 밖으로 밀려나온다. 표면에 도달한 수분이 얼어붙으면서 머리카락 같은 얼음이 생성된다. 이 머리카락 얼음을 보려면 시간과 장소가 절묘하게 맞아떨어져야 한다. 외부 기온이 아주 춥지 않으면 금방 녹아 사라지기 때문이다.

이런 신기한 머리카락 얼음을 만들어내는 균으로는 껍질고약버섯속*Peniophora*과 엑시디옵시스속*Exidiopsis*이 있다.

Hairs 수염

곰팡이의 수염은 실제로 수염이 아니라 자실체의 표면에 생긴 균사다. 이 균사는 자실체가 물을 흡수하는 데 도움을 주기 위한 것일 수도 있고, 자실체를 먹이로 삼으려는 곤충을 쫓기 위한 장치일 수도 있다. 곤충이 자실체를 먹어버리면 포자를 생산하는 데 방해가 되기 때문이다.

버섯의 수염은 그 질감이나 양, 모양새에 따라 다음과 같은 여러 가지 이름으로 불린다.

—거미줄 모양: 거미줄의 실같이 생겼다

—미소섬유 모양: 아주 가느다란 섬유 모양의 수염

—긴 강모형: 길이가 길고 억센 수염

—억센 털 모양: 뻣뻣하게 곧추선 수염

—연모형: 짧고 보드라운 수염

—명주실 모양: 짧고 윤기가 있는 수염

—굵은 강모형: 뻣뻣하고 굵고 성긴 수염 모양

—솜털형: 촘촘하게 난 솜털이 표면을 덮고 있는 모양

—짧은 융모형: 융모같이 부드러운 털이 난 모양

—긴 융모형: 길고 부드러운 융모

—막대 모양: 무리 지어 줄무늬를 만들기도 하는 가늘고 가벼운 털

표본을 관찰해 그 수염이 뻣뻣한지 부드러운지를 보고 종을 구분할 수 있는 경우도 적지 않다. 수염이 없는 종은 무모종이라고 부른다.

Hálek, Václav 바츨라프 할렉

곰팡이에서 영감을 받아 작곡한 곡이 1,500곡에 이른다는 체코 출신의 작곡가 할렉[1937~2014]. 어느 날 숲속을 걷다가 반균류에 속하는 오목땅주발버섯[Tarzetta cupularis]이 노래하는 소리를 듣고 불현듯 영감을 받았다고 한다.

할렉은 숲을 걸을 때마다 버섯의 소리에 귀를 기울이기 시작했다. 그는 "버섯마다 제각각 저만의 특별한 멜로디를 갖고 있습니다"라고 말했다. 그가 균에서 영감을 받아 작곡한 음악은 주로 피아노곡이지만, 숲속의 버섯뿐만 아니라 벨라 바르톡[49]마저 함께 노래하는 듯한 「균교향곡」[Mycosymphony]을 작곡하기도 했다.

할렉의 곡은 공감각의 한 사례라고 할 수 있을까? 어쩌면 체코식 유머는 아닐까? 철학적 광증의 한 형태일지도 모르겠다. 할렉은 몇 편의 과학 논문을 공동으로 출판한 균학자이기도 했다. 그러므로 그는 자신이 가진 두 갈래의 열정을 매우 보편적이지 않은 방법으로 융합한 것일 수도 있겠다.

더 찾아보기: 음악

---

49) Béla Bartók(1881~1945): 헝가리 출신의 민족음악가. 바르톡의 작품 중에 「Mikro-kosmos」라는 피아노곡이 있는데, 이 곡과 Mycosymphony를 빗대기 위해 인용한 듯하다—옮긴이.

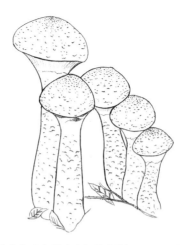

뽕나무버섯의 영어 일반명은 꿀버섯(Honey mushroom)이다.
맛과 상관없이 색깔 때문에 얻은 이름이다.

Honey Mushroom *(Armillaria* spp.) 뽕나무버섯류

연한 갈색 또는 크림색을 띠고 있는 버섯으로, 살짝 비늘이 있는 갓과 기둥에는 턱받이가 붙어 있는 버섯이다. 뽕나무버섯은 확실하게 구분하기 모호한 여러 종류의 버섯을 아우르는 복합적인 종이지만 뽕나무버섯에 속하는 버섯들은 대개 낙엽성 교목 또는 아주 드물게 침엽수의 밑동 또는 그 근처에서 큰 무리를 지어 자란다.

이 버섯의 영어 일반명이 '꿀버섯'Honey mushroom이라고 해서 이 버섯의 맛이 달콤하거나 적어도 달짝지근할 거라고 생각하면 오산이다. 이런 이름을 얻게 된 것은 순전히 색깔 때문이지 그 맛과는 상관이 없다. 이 버섯은 뿌리썩음병을 일으키는 심각한 기생균이다. 이 버섯의 균사속[50]은 기주가 될 만한 나무의 뿌리를 찾아 토양 속을 뻗어가다가 알맞은 뿌리를 만나면 기주의 줄기로 영양분이 이동하는 것을 차단하고 스스로 나무의 줄기까지 파고들어가면서 리그닌을 분해한다. 버섯이 생겨나기 전에도 균사속이 나무를 분해하는 과정을 볼 수 있다. 나무 밑동에 돌돌 말려 있는 나무껍질이 보인다면, 이 나무의 잎이 다른 나무보다 빨리 떨어지지 않는지 잘 지켜보아야 한다.

뽕나무버섯의 균사속은 한 기주에서 다른 기주로 뻗어가도록 적응해왔다. 균사를 보호하는 보호막에 둘러싸여 있기 때문에, 100년 이상을 거뜬히 살아남는다.

더 찾아보기: 생물발광, 거대균, 기생균

Horsetails (*Equisetum* spp.) 쇠뜨기류

가장 오래된 관다발식물 가운데 하나인 쇠뜨기는 씨가 아니라 포자로 번식한다. 줄기 끝에 옥수수 모양으로 달린 포자낭수胞子囊穗에서 포자를 생산한다. 이 구조물은 버섯과 비슷하게 보이기도 하기 때문에, 종종 버섯으로 착각하기도 한다.

---

50) 여러 올의 균사가 합쳐져 굵어진 균사의 다발―옮긴이.

늘 습기가 많은 곳에서는 혼자서도 잘 살아가지만, 매우 건조하거나 추운 지역에서 또는 기후 조건이 갑자기 건조해지거나 추워지는 상황에서는 뿌리를 통해 균근균에게 신호를 보낸다. 특히 내생균근균에게 신호를 보내 도움을 청한다. 그 신호를 받은 균근균은 대부분 쇠뜨기에게 도움을 준다. 이런 형태의 균근관계를 선택적 균근관계라고 한다.

쇠뜨기는 살아 있을 때에만 균 파트너에게 명령하거나 부탁할 수 있다. 쇠뜨기가 죽으면 몇몇 자낭균의 기주가 된다. 지난해에 살다가 이제 부패하고 있는 쇠뜨기 줄기에서 자라는 프실라크눔 인퀼리눔 *Psilachnum inquilinum*, 죽어서 물에 잠긴 쇠뜨기에서 자라는 로라미세스 마크로스포라*Loramyces macrospora* 등이 그런 예다.

쇠뜨기는 줄기 끝에 옥수수 모양으로 달린 포자낭수에서 포자를 생산하고 포자로 번식한다.

더 찾아보기: 내생균근균, 수생균

Humongous Fungus 거대 버섯

뽕나무버섯의 일종인 곤봉뽕나무버섯*Armillaria gallica*을 묘사하느라 처음 쓰인 비공식적 이름이었다. 처음 이 이름의 주인공이었던 곤봉뽕나무버섯은 미시간주에서 발견되었는데, 자그마치 12만 제곱미터의 면적을 차지하고 있었다. 데이비드 레터맨[51]의 톱 10에도 올랐을 정도로 유명해졌으며, 말할 것도 없이 코미디 프로그램에 등장한 최초의 균사체였다. 그후 워싱턴주에서 발견된 잣뽕나무버섯*Armillaria ostoyae*도 거대 버섯으로 불렸는데, 이 버섯이 차지하고 있는 면적은 무려 647만 4,970제곱미터에 달했다. 최근에는 오리건주의 멀루어 국유림에서 또 다른 거대 버섯이 발견되었다. 잣뽕나무버섯의 균사체로 밝혀진 이 거대 버섯은 지구상에서 가장 큰 생명체로 간주되고 있다. 일단 지금은 그렇게 인정되고 있다. 이 버섯이 덮고 있는 지상 면적은 964만 7,705.7제곱미터, 총중량은 1만 1,339.8킬로그램, 그리고 나이는 최소한 2,400세로 추정된다.

하지만 이 버섯의 거대함에 대해서는 여러 갈래로 의견이 갈린다. 이 버섯의 거대함을 부정적으로 바라보는 사람들은 자기 뿌리를 복제하는 미국사시나무*Populus tremuloides*와 비교한다. 유타주에

---

51) David Letterman: 미국 심야 토크쇼의 진행자이자 제작자 겸 코미디언. 1982년부터 무려 33년 동안 '데이비드 레터맨의 레이트 쇼'를 진행했다—옮긴이.

8만 년 정도 되었을 것으로 보이는 사시나무 숲[52]이 있지만, 대부분의 뿌리는 그렇게 오래되지 않았기 때문이다.

귀족구멍장이버섯*Bridgeoporus nobilissimus*이나 잔나비불로초의 자실체 중에도 거대 버섯이라 불리는 것들이 있다.

더 찾아보기: 잔나비불로초, 뽕나무버섯, 귀족구멍장이버섯

Hygrophanous 색변성

버섯의 색이 변하는 현상. 특히 수분이 감소하거나 증가할 때 또는 시간에 따라 갓의 색이 변한다. 어제는 갈색이었던 갓이 오늘 아침에는 불그스름하게 변했다가 다음 날에는 크림색으로 변하는 종도 있다. 대개 색변성은 갓의 중심부에서 시작되어 바깥쪽으로 번진다. 눈물버섯속의 버섯들은 극단적인 색변성을 겪는다. 이른 아침에는 진한 갈색이었다가 저녁 무렵이면 크림색 또는 거의 흰색이 된다. 햇빛에 노출되면 더욱 급격하게 변한다. 어떤 버섯들은 기둥까지도 색이 변하지만 그렇지 않은 버섯도 많다.

볏짚버섯속*Agrocybe*, 에밀종버섯속*Galerina*, 환각버섯속*Psilocybe*, 말똥버섯속*Panaeolus*, 비늘버섯속*Pholiota* 또는 눈물버섯속처럼 색변성을 일으키는 버섯의 표본을 채취했다면, 그 표본을 동정同定하는

---

52) '판도'라는 이름의 미국사시나무 군락. 이 숲에 있는 사시나무 4만여 그루는 한 그루에서 뿌리로 번식되어 유전자가 전부 동일한 하나의 개체다—옮긴이.

데 색변성이 큰 도움이 될 것이다.

Hyphae 균사

아주아주 가느다란, 현미경을 들이대야만 볼 수 있는 균사체의 실. 모든 버섯의 과육은 균사의 거대한 집합체다. 꾀꼬리버섯, 그물버섯, 심지어 송이버섯을 먹더라도 실제로는 그 버섯들의 균사를 먹는 셈이다. 격벽이라고 불리는 가로 방향의 벽으로 세포가 나뉘어 있기 때문에, 균사는 말단에서만 성장한다. 균사는 성장하는 동안 다양한 미소서식처를 탐험하면서 좋아하는 영양분을 소화시키기 위해 다양한 효소를 분비한다. 이들의 효소는 사람으로 치면 위액 같은 것인데, 몸 안이 아니라 밖에서 작용한다는 점이 다르다. 모든 균사는 당과 아미노산을 소화시키지만, 어떤 균사는 전분, 리그닌, 셀룰로오스 같은 복잡한 물질도 소화시킬 수 있다. 오니게나목Onygenales의 버섯들은 케라틴도 소화시킬 수 있다.

스트레스를 받거나 이미 양분이 고갈된 기질을 버리고 다른 기질을 찾고 싶을 때는 균사끼리 뭉쳐서 균사다발이라 불리는, 사람이 맨눈으로도 볼 수 있는 구조물을 형성한다. 균사 한 올 한 올의 굵기에 비하면 굵기가 5밀리미터나 되는 균사다발은 어마어마하게 큰 것이다. 아마도 가장 자주 볼 수 있는 균사다발이라면 '구두끈'이라 불리는 뽕나무버섯의 균사다발일 것이다.

더 찾아보기: 뽕나무버섯류, 균사체

I

자기소화가 원활할수록 포자는 더 잘 방출된다.
포자가 모두 방출될 즈음이면 윗부분에 끈적끈적한
먹물의 흔적이 있는 기둥만 남고 갓은 모두 사라진다.

Indian Pipe (*Monotropa uniflora*) 수정난풀

시체풀, 유령파이프, 네덜란드인의 파이프, 얼음풀 그리고 유령꽃 등 여러 이름을 가지고 있다. 전 세계에 걸쳐 고루 분포하고 있는 수정난풀은 하얀 꽃을 피우는 식물로, 이 식물의 뿌리는 균사체에게 상부상조를 약속하고는 그 균사체로부터 영양분을 빼앗기만 한다.

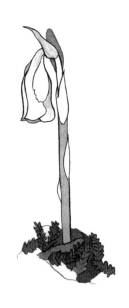

수정난풀은 하얀 꽃을 피우는 식물로 시체풀, 유령파이프 등 다양한 이름으로 불린다.

수정난풀의 일차 목표는 무당버섯류*Russula* spp.(특히 루술라 브레비페스*Russula brevipes*) 또는 젖버섯류로, 이 균사체들이 버섯을 만드는 데 써야 할 당분을 가로챈다. 수정난풀은 엽록소가 없기 때문에, 아무런 저항도 요구도 하지 않는 균사체에게 이 식물이 주는 것은 아마 아무것도 없을 것이다. 흔한 말로 '공짜 점심'만 뜯어먹는 셈이다.

관련 종인 구상난풀*Monotropa hypopithys*은 송이버섯속*Tricholoma*의 균사체를 포로로 삼는다. 흰색 꽃이 달리는 수정난풀과 달리 구상난풀의 꽃은 붉은색이고, 포엽[53]은 수정난풀보다 훨씬 얇고 연약하다.

또 다른 종인 알로트로파 비르가타*Allotropa virgata*는 '막대사탕'이라고 불리기도 하는데, 오직 송이버섯 균사체만 짝으로 삼는다. 수정난풀과 구상난풀처럼, 알로트로파 비르가타도 종속영양균이다. 학술적으로 말하자면, 이들 식물과 균사체의 관계는 난풀균근 관계라고 말할 수 있겠다. 하지만 인간 세계에서 이루어지는 관계의 형태에 빗대어 말한다면, '메나주 아 트루아'*ménage à trois*, 즉 균과 그 기주가 형성한 '삼자동거 관계'라고 할 수 있다.

더 찾아보기: 송이버섯, 무당버섯류

Indwellers 수생균

어떤 균이든, 심지어는 극한의 건조기후 속에서 살아가는 균이라도 최소한의 수분이 필요하다. 그러나 '수생균'이라 불리는 종들은 항상 물이 있어야 한다. 수생균의 대부분은 자낭균으로, 흐르는 민물, 풀이 무성한 저습지, 늪지대 등에서 이미 죽었거나 죽어가는 유기체를 기질로 삼아 살아간다. 이런 종은 대개 봄에 자실체를 맺는다.

---

53) 꽃이나 꽃눈, 꽃봉오리 또는 꽃받침을 둘러싸거나 덮고 있는 작은 잎
　　—옮긴이.

수생균 가운데 가장 카리스마 넘치는 종을 꼽으라면 아마도 밝은 주황색에 곤봉 모양으로 생긴 등불버섯류를 꼽을 수 있을 것이다. 이 버섯은 썩어가는 나뭇잎이나 수생 식물의 줄기와 뿌리를 먹고 자란다. 그 이름에서도 예상할 수 있듯이 몇몇 종은 발광성도 약간 가지고 있다. 물속에서 포자를 퍼뜨리는 코털버섯속 버섯과는 달리 등불버섯류 버섯의 포자는 바람을 타고 퍼져나간다. 코털버섯속 버섯의 포자는 길고 가늘어서, 현미경으로 들여다보면 마치 작은 뱀처럼 생겼다.

소수이기는 하지만, 담자균 가운데서도 흐르는 물을 서식지로 선택하는 종이 있다. 작은 공 모양을 한 껍질버섯 아에게리타 칸디다*Aegerita candida*의 무성 세대와 불빌로미세스 파리노사*Bulbillomyces farinosa*는 하천가 쓰러진 나무에서 자란다. 작은 공 모양의 버섯이 흐르는 물에 실려 온 공기 방울을 타고 흘러간다. 생애 주기의 일정 부분을 물 밖에서 지내기 때문에, 엄격하게 말한다면 불빌로미세스 파리노사는 완전히 수생균은 아니다.

최근에 미국 오리건주의 루그강에서 발견된 프사티렐라 아쿠아티카*Psathyrella aquatica*는 물속에서만 사는 완전 수생균이다. 주름이 있는 버섯이지만 물속에서 사는, 놀랍고 새로운 종이다.

Inky Cap (*Coprinus, Coprinellus, Coprinopsis* spp.) 먹물버섯류

회색이나 하얀색이며 가끔 비늘을 가진 종도 있고 포자는 검은색인 버섯이다. 대부분의 먹물버섯은 자기소화 또는 자가분해를 통해 포자를 떨어뜨린다.

포자를 방출할 시기가 되면, 가수분해효소가 갓의 테두리를 끈적끈적한 먹물로 변형시킨다. 동시에 갓 테두리가 위를 향해 밖으로 말려 올라가면서 갓 아래 주름의 조밀한 간격을 넓게 벌려놓아서 포자가 쉽게 떨어지게 한다. 자기소화가 원활할수록 포자는 더 잘 방출된다. 포자가 모두 방출될 즈음이

먹물버섯은 자기소화 또는
자가분해를 통해
포자를 떨어뜨린다.

면 윗부분에 끈적끈적한 먹물의 흔적이 있는 기둥만 남고 갓은 모두 사라진다.

어쩌면 먹물버섯의 주름은 한때 너무 조밀하게 붙어 있어서 포자를 방출하기 어려웠을지도 모른다. 그때 진화가 나타나 이렇게 말했을 것이다.

"걱정 마. 내가 주름을 먹물 덩어리로 만들면 문제가 해결될 거야."

흔히 볼 수 있는 먹물버섯으로는 먹물버섯*Coprinus comatus*, 갈색 먹물버섯*Coprinellus micaceus*, 두엄먹물버섯*Coprinopsis atramentaria* 등이 있다. 두엄먹물버섯에는 체내 알코올 대사를 방해하는 코프린이라는 아미노산이 들어 있다. 음주 후 24시간 이내에 이 버섯을 먹었다면 술독과 유사한 증상이 나타날 수 있다. 이런 이유로 이 버섯을 '술꾼의 독'이라고 부르기도 한다. 가끔 개가 이 버섯을 먹기도 하지만, 개는 메를로 와인이나 싱글 몰트 스카치를 마시지는 않으니까, 이런 문제로 고생하지는 않는다.

Insect Mushroom Farmers 버섯을 기르는 곤충

열대 지역과 아열대 지역에서는 잎꾼개미류*Atta, Acromyrmex spp.*가 큰턱에 마치 나뭇잎을 매단 듯이 물고 다니는 모습을 자주 볼 수 있다. 물고 있는 나뭇잎은 개미의 먹이가 아니다. 개미는 나뭇잎에 자기 타액과 배설물을 묻힌 다음, 이미 곰팡이를 기르고 있던 곰팡이 정원에서 균사 조각들을 가져다가 섞는다. 그러면 거기서 새로운 균사가 자라기 시작한다.

이 균사는 대개 갓버섯과*Lepiotaceae*에 속하는 균의 것이고, 개미는 이 혼합물을 기르되 자실체는 생기지 않게 한다. 이유는? 개미는 균사체만 먹으니까.

마크로테르메스속*Macrotermes*의 열대 흰개미도 비슷한 활동을 한다. 이 흰개미는 균사를 먹여 자손을 기르지만, 일정한 나이가 되면 이 보드라운 먹이 대신 로열젤리를 (생식능력을 갖춘 흰개미에게) 먹인다.

개미와 달리, 흰개미는 자실체도 마다하지 않는다. 흰개미가 새 둥지를 만들기 위해 낡은 둥지를 버리고 떠난 뒤 종종 거대 버섯이 나타나기도 한다. 흰개미버섯속*Termitomyces* 버섯은 갓의 지름이 1미터 가까이까지 자랄 수 있다. 아프리카 사람들은 흰개미에게는 관심 없어도 이 버섯은 아주 좋은 식재료로 평가한다. 어린 흰개미버섯을 발견하면, 먼저 발견한 사람이 소유권을 주장하기 위해 이름표를 붙여두기까지 할 정도다. 최초로 이 버섯에 대한 과학적인 기록을 남긴 사람이 바로 데이비드 리빙스턴*David Livingston*, 아프리카 대륙 개척과 탐험의 아이콘인 바로 그 '리빙스턴 박사'였다.

Iqmik 이크믹

알래스카주 유픽족 성인의 60퍼센트는 어떤 구멍장이버섯의 중독자인데, 그들의 자녀 중에도 이 버섯에 중독된 아이가 놀라울 정도로 많다. '중독자'라는 말은 이들이 그 버섯을 많이 먹는다거나, 그 버섯을 찾는 데 집착한다는 뜻이 아니다. 그들은 부싯깃버섯또는 말굽버섯처럼 생겼으나 실은 가짜 부싯깃버섯인 진흙버섯 *Phellinus igniarius*을 태워서 재로 만든 뒤, 담뱃잎에 말아 이크믹을 만든다. 이것을 입에 넣고 씹으면, 알칼리성을 띠는 진흙버섯의 재와 담뱃잎의 알칼로이드가 혼합되면서 일시적이지만 매우 강력하고도 폭발적인 니코틴이 만들어진다.

이크믹을 너무 많이 씹으면 니코틴 중독에 걸리고, 심하면 구강암이나 식도암에 걸린다. 이크믹이라는 말은 유픽 부족어로 '입 속에 넣는 것'이라는 뜻이다. 알래스카 원주민 마을의 상점에서 용량 약 227그램의 이크믹 한 병이 40~50달러에 팔린다.

담배 장사꾼들이 나타나기 전까지는 버드나무 껍질에 진흙버섯의 재를 말아 씹었다. 버드나무 껍질은 살리신을 함유하고 있어서 아스피린과 가까운 항염증 작용을 했기 때문에, 담뱃잎보다는 훨씬 건강한 재료였다.

　　더 찾아보기: 민속균학, 구멍장이버섯류

J

바싹 말린 고약버섯을 물그릇에 담가두면,
단 몇 분 만에 원래의 부들부들하고
탱글탱글한 모습으로 돌아가는 것을 볼 수 있다.

Jellies (*Corticium* spp.) 고약버섯류

과즙이 들어가지는 않았지만 젤리처럼 말랑말랑한 노란색, 갈색, 붉은색의 담자균이다. 고약버섯류를 스웨덴에서는 밤새 마녀들을 쫓아다니던 고양이의 구토물이라고 믿었고, 동유럽에서는 마녀가 집 안에 사는 누군가에게 저주를 걸기 전에 그 집 외벽에 붙여놓은 것이라고 생각했다. 캐나다의 이누이트는 산에 사는 순록의 콧물이라고 생각했다. 그리고 그 외의 몇몇 지역에서는 유성의 잔류물이라고 믿었다. 고약버섯의 일종인 목이버섯은 종종 '유다의 귀'라고 불리기도 하며, 라틴어 학명도 '유다의 귀'라는 뜻이 담긴 *Auricularia auricula-judae*다. 이 버섯이 가장 좋아하는 기질은 말오줌나무인데, 배신자 유다가 말오줌나무에 목을 매 죽었기 때문이다.

고약버섯류는 오직 나무에서만 기생한다. 흰목이버섯속*Tremella*의 버섯들은 나무 안에 있는 껍질버섯의 균사체에 기생하는 반면, 다른 버섯들은 부러지거나 떨어진 지 얼마 되지 않은 가지, 잔가지를 먹고 사는 부생균이다. 고약버섯류의 담자기는 대부분 젤라틴 같은 모체 내부 깊숙한 곳에 숨어 있어서, 버섯이 얼거나 수분을 잃고 완전히 말라버려도 포자를 생산하는 기능에 해를 입지 않고 몇 번이고 다시 살아날 수 있다. 이 버섯을 겨우내 볼 수 있는 것도 바로 그 때문이다. 바싹 말린 고약버섯을 물그릇에 담가두면, 단 몇 분 만에 원래의 부들부들하고 탱글탱글한 모습으로 돌아가는 것을 볼 수 있다.

대부분의 고약버섯류는 식용이지만 특별한 맛은 없다. 기원전 600년경 중국에서 재배되었던 것으로 추정되는 목이버섯의 일종인 털목이버섯*Auricularia polytricha*은 아마도 사람에 의해 재배된 최초의 버섯이었을 것이다.

K

투탕카멘의 무덤처럼 극도로 폐쇄적인 공간에 있던
포자가 왕의 영면을 방해한 자들에게
알레르기 반응을 일으켰을 가능성이 높다.

Keratinophiles 케라틴 친화성

오니게나목이라고 알려진 균들은 케라틴을 분해할 수 있는 아주 특별한 효소를 분비한다. 케라틴은 아무 맛도 없기 때문에 다른 모든 균이 무시하는 단백질이다.

우리 피부 표피층에 케라틴이 존재한다는 사실을 감안한다면, 피부사상균이 오니게나목의 일부라는 점도 그다지 놀랍지는 않다. 백선균^{Trichophyton}과 작은포자균^{Microsporum}이 원인인 백선과 무좀은 이런 균이 일으키는 피부 질환의 익숙한 사례다. 이 피부 질환들의 원인은 발피부곰팡이증,$^{tinea\ pedis}$ 몸백선증$^{tinea\ corporis}$이 아니다. tinea pedis와 tinea corporis는 균의 이름이 아니라 의학용어다. '피부사상균'이라는 말 자체가 이 균이 피부의 표피로부터 깊은 곳까지 침투하지 않는다는 뜻이다. 하지만 치료하지 않고 방치하면, 더 멀리 더 넓게 번질 수 있다.

오니게나목의 모든 종이 사람을 적절한 기질로 여기지는 않는다. 오니게나 에키나$^{Onygena\ equina}$는 여러 포유동물 중에서도 특히 양과 소가 죽고 난 후 살이 떨어져나가 뼈만 남은 뿔과 발굽에서 생겨난다. 뿔도 사슴처럼 가지가 진 뿔에서는 나지 않는다. 사슴뿔은 케라틴이 아니라 거의 뼈로만 이루어져 있다. 오니게나속^{Onygena}의 또 다른 종인 오니게나 코르비나$^{Onygena\ corvina}$는 죽은 새의 깃털이나 동물의 타래진 털, 오래 묵은 양털에서 생겨난다. 19세기 영국의 균학자이자 성직자였던 마일스 버클리가 소설 속에서 로

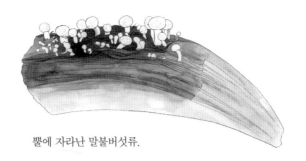

뿔에 자라난 말불버섯류.

빈 후드의 활동 무대로 나오는 셔우드숲에 들어갔다가 웬 다 낡은 모직 옷가지에서 오니게나 코르비나를 발견했다. 그 옷가지의 주인은 아무래도 로빈 후드가 아니라 떠돌이 집시였던 것 같다.

더 찾아보기: 마일스 버클리 목사, 새똥, 파충류피부곰팡이

King Tut's Curse 투탕카멘의 저주

누룩곰팡이속의 몇몇 곰팡이는 헛간이나 창고 같은 건조하고 폐쇄된 공간에서 자실체를 맺는데, 심지어 파라오의 무덤도 예외가 아니다. 이 곰팡이의 포자는 완전히 탈수된 채로 아주아주 오랜 세월을 견딜 수 있다. 이 상태의 포자를 사람이 흡입하면, 체내의 여러 기관에 영향을 미칠 수 있는 폐 질환의 원인이 된다.

투탕카멘의 저주를 생각해보자. 투탕카멘은 죽기 직전에 자신의 평화로운 영면을 방해하는 모든 자에게 '저주를 내리노라'는 말을 남겼다고 한다. 그가 말했던 대로 그의 영면을 방해했던 사

← 포자 ⚠

람들 중 최소한 6명의 죽음이 그의 저주 때문이라는 주장이 많았다. 저주를 받아 죽은 6명 중에는 영국의 고고학자 카나본 경^{Lord Carnarvon}도 있었다.

하지만 이들의 죽음은 투탕카멘의 저주 때문이 아니라 왕의 무덤 안에 있던 노란아스페곰팡이를 호흡 중에 들이마셨기 때문이었을 것으로 보인다. 투탕카멘의 무덤처럼 극도로 폐쇄적인 공간에 있던 포자가 왕의 영면을 방해한 자들에게 알레르기 반응을 일으켰을 가능성이 높다. 직접 그 포자를 흡입하지 않았다 하더라도 3,000년 이상 묵은 포자의 먼지를 마셨을지도 모른다.

십중팔구, 문제의 곰팡이는 왕이 사후 세계에서도 풍족한 식사를 할 수 있도록 함께 부장되었던 엄청난 양의 과일과 채소에서 생겨났을 것이다.

더 찾아보기: 건조내성균

Know Your Mushrooms 네 버섯을 알라

토론토의 영상제작자 롭 맨Rob Mann의 유명한 다큐멘터리다. 이 영상은 조르주 멜리에스George Méliès가 1902년에 제작했던 무성영화의 고전 「달세계 여행」A Trip to the Moon의 한 장면으로부터 시작한다. 그 장면은 달에서 자라고 있는 거대한 버섯들을 보여준다. 그다음 장면은 미국 콜로라도주에서 열리는 텔루라이드 버섯 페스티벌Telluride Mushroom Festival로 점프한다. 이 영상에는 균학자 개리 린코프와 래리 에반스Larry Evans 그리고 존 케이지, 앤드류 웨일Andrew Weil, 테렌스 맥케나Terence McKenna가 단역으로 등장한다. 자연과학, 사회과학 그리고 우주과학까지 거론되는데, 첫 장면이 달에서 자라는 버섯으로 시작하는 영화니 그럴 만도 하다.

버섯이 중요한 역할로 등장하는 또 다른 영화를 들자면, 프랑스의 영화감독 사샤 기트리Sacha Guitry의 1936년 블랙 코미디 「어느 사기꾼의 이야기」Le roman d'un tricheur, 러시아 동화를 기반으로 한 1964년 작품 「서리」Jack Frost, 1995년에 제작된 오스트레일리아

의의 코미디 영화 「버섯」Mushrooms, 2007년 아일랜드의 호러 영화 「슈룸」Shrooms, 2013년 에스토니아의 정치 코미디 「버섯 기르기」Mushrooming, 2016년 영국의 세련된 호러 영화 「멜라니: 인류의 마지막 희망인 소녀」The Girl with All the Gifts, 미국의 영화 제작자 테일러 록우드Taylor Lockwood의 여행 다큐멘터리 「구멍 뚫린 베일을 찾아서」In Search of the Holey [sic] Veil54)와 「착한 놈, 나쁜 놈, 무서운 놈」The Good, the Bad, and the Deadly 등이 있다.

KOH

KOH는 수산화칼륨의 화학식이다. 3~5퍼센트의 수산화칼륨 수용액은 특정 균을 변색시키는 효과가 있기 때문에, 그 균을 식별하는 데 도움을 준다. 예를 들어 노란반달버섯 같은 구멍장이버섯에 수산화칼륨 용액을 한 방울 떨어뜨리면, 용액이 떨어진 자리가 금방 아주 밝은 보라색으로 변한다. 많은 수의 그물버섯도 색깔 반응을 보인다. 진한 올리브색으로 변하는 것은 무당버섯속이거나 젖버섯속일 가능성이 높다. 광대버섯속의 버섯 중에는 수산화칼륨 용액에 색깔 반응을 보이는 것도 있고 그렇지 않는 것

---

54) 이 영상의 제목 「In Search of the Holey [sic] Veil」 중에서 Holey는 '구멍이 뚫린'이라는 뜻이다. '성스러운'의 뜻인 'Holy'를 잘못 쓴 것이 아니라 원래 'Holey'라는 것을 강조하기 위해 '원문 그대로'라는 의미의 약어 [sic]을 병기했다—옮긴이.

도 있다. 일설에 따르면, 막힌 배수구를 뚫는 데 쓰이는 세제인 드라노^{Drano}를 수산화칼륨 수용액 대신 버섯 식별에 쓸 수도 있다고 한다.

수산화칼륨 수용액을 문질러서 칸디다 알비칸스^{*Candida albicans*55)}와 다른 피부염의 원인균을 구별하기도 한다. 하지만 사람 몸에 직접 이 용액을 문지르는 것이 아니다. 수산화칼륨 수용액을 피부에 문질렀다가는 물집이 잡히거나 화상을 입을 수도 있다.

Kombucha 콤부차

버섯차 또는 만주버섯 등으로 부르는 사람들도 있지만, 사실 버섯과는 거리가 멀다. 오히려 최소한 두 종류의 효모가 박테리아와 컨소시엄을 형성한 뒤 발효된 것이다.

두 종류의 효모 중 하나는 대개 자이고사카로미세스 바일리^{*Zygosaccharomyces bailii*}고, 박테리아는 이 컨소시엄의 배지에 우연히 합류한 것이다. 그 박테리아는 프룩틸락토바실러스 샌프란시스켄시스^{*Fructilactobacillus sanfranciscensis*}인 경우가 종종 있는데, 사우어도우 브레드⁵⁶⁾의 반죽을 숙성시키는 데 도움을 준다. 콤부차의 숙성 정도는 늘 세밀하게 모니터하지 않기 때문에, 제각각 맛의 차이

---

55) 칸디다 질염을 일으키는 균. 칸디다 질염을 일컫기도 한다―옮긴이.
56) 겉은 바삭하면서 딱딱하지만 속은 촉촉하고 부드럽게 굽는 발효 빵. 속을 파내서 그릇처럼 수프나 파스타를 담아 먹기도 한다―옮긴이.

가 매우 크다.

콤부차가 후천면역결핍증, 암, 헤르페스, 백내장, 통풍, 불면증, 설사, 2형 당뇨병, 효모감염증, 탈모 등을 치료하거나 최소한 증상을 호전시킨다고 믿는 사람이 많다. 나이 든 사람의 피부에서 주름살을 없애준다는 말도 있다. 덕분에 세계 곳곳에서 팔리는 콤부차가 매년 4억 달러어치 이상이라고 하지만, 사실 사람의 건강에 콤부차가 유익하다는 사실은 아직 과학적으로 증명되지 않았다. 다만 직물 염색에는 아주 성공적으로 쓰이고 있다.

ㄴ

작은 갈색 버섯이 사람들에게
관심을 받지 못하는 이유는
사람의 눈길을 끌 만한 요소가 없기 때문이다.

Latex 라텍스

특정 현화식물류에서 나는 끈적끈적한 유탁액을 말하지만, 균학계의 용어로는 젖버섯류의 버섯에서 나는 액상의 방울 또는 즙을 말한다. 이름은 젖버섯이지만, 포유동물의 어미가 갖고 있는 젖과는 다르다. 그러나 젖버섯은 종종 마치 젖을 내는 것처럼 보인다. 익살스럽게 말하기 좋아하는 사람들은 젖버섯의 학명을 *Lactarius*가 아니라 여성형 명사인 *Lactaria*로 바꿔야 한다고 주장하기도 했다. '젖'을 생산하니까!

식물에 존재하는 라텍스에 민감한 사람들도 젖버섯의 라텍스는 만져도 아무 탈이 없다. 반면에 그물버섯류 중에서 끈적끈적한 성질을 갖고 있는 비단그물버섯속의 라텍스는 만지면 가벼운 접촉성 화상을 일으키기도 한다.

Lawnmower's Mushroom (*Panaeolus foenisecii*)
대추씨말똥버섯

영어 일반 명칭으로는 '잔디깎이버섯'Lawnmower's Mushroom 또는 '건초장이버섯'haymaker이라고 부르기도 한다. 갈색이 도는 기둥에 고깔 모양 또는 종 모양의 갓이 달려 있는데, 갓의 주름은 성숙하면 보라색을 띤다. 말똥버섯속의 다른 식구들과는 달리, 이 버섯은 똥을 먹고 자라지 않는다. 주로 잔디밭, 도시와 묘지의 풀밭에서 자란다. 수명이 매우 짧기 때문에, 오늘 싱싱했다가 내일이면

라텍스
방울 →

바싹 말라 있을 수도 있다. 심하면 아침에는 생생했던 버섯이 오후면 시들시들 말라 있을 수도 있다.

　대추씨말똥버섯은 아마도 반려견이나 이제 막 걸음마를 배워 바깥 구경을 하기 시작한 아기들이 가장 흔하게 뜯어먹는 버섯일 것이다. 이 버섯은 사람이 사는 집과 아주 가까운 곳에서 자라기 때문이다. 또한 실로시빈의 미량원소뿐만 아니라 트립타민 파생물도 함유하고 있다.[57] 실로시빈은 개과 동물이나 모험심 많은

---

57) 그래서 과거에는 환각버섯속으로 분류되었다.

어린 인간에게 아주 매력적인 성분이기도 하다. (하지만 다행스럽게도 이 버섯에 들어 있는 환각 성분은 극히 미량이다.)

이 버섯이 잔디깎이버섯이라고도 불리는 이유는 사람이나 기계가 잔디를 깎으며 지나갈 때 이 버섯의 자실체가 자극을 받기 때문이라고 한다.

더 찾아보기: 마법의 버섯, 실로시빈

LBM (Little Brown Mushroom) 작은 갈색 버섯

과학적인 용어는 아니고, 조류 전문가들의 전문용어를 가져다 살짝 바꾼 문자 조합이다. 조류 전문가들은 구별이 힘든 휘파람새류와 참새류를 묶어서 LBJ[58]라고 부른다. LBM은 주로 갓의 지름이 5센티미터 미만인 주름버섯류다. '갈색'이라고 칭하고 있지만 갈색 버섯만 있는 것은 아니다. 흰색, 회색, 크림색, 베이지색, 황갈색도 있다. 일반적으로 종버섯속*Conocybe*, 에밀종버섯속, 애기버섯속*Collybia*, 꽃애기버섯속*Gymnopus* 그리고 애주름버섯속에 속하는 버섯들이다. LBM에 속하는 버섯을 조금이라도 먹은 사람이 어떻게 될지 궁금하다면, 에밀종버섯속의 투명살끝에밀종버섯*Galerina marginata*이라는 버섯이 '가을 해골모자'라고 불린다는 것에서 미루어 짐작할 수 있을 것이다.

58) Little Brown Job: 작은 갈색 무언가—옮긴이.

작은 갈색 버섯이 사람들에게 관심을 받지 못하는 이유는
사람의 눈길을 끌 만한 요소가 없기 때문이다.

대부분의 LBM이 사람들에게 관심을 받지 못하는 이유는 이들이 사람의 눈길을 끌 만한 요소가 없기 때문이기도 하지만, 분명하게 구별하는 것이 거의 불가능할 정도로 어렵기 때문이다. 요즘에는 DNA 분석 덕분에 분류학의 경쟁은 과거보다 훨씬 덜하다고 해도, LBM을 전문적으로 연구하면서 분류학의 경쟁을 치르고 있는 균학자들의 용기는 매우 높이 사야 할 것 같다.

누군가에게는 그저 LBM이지만 누군가에게는 기쁨의 원천이 되는 경우도 가끔씩 일어난다. 『베일을 벗은 버섯』*Mushrooms De-mystified*에서 저자 데이비드 아로라*David Arora*는 땀버섯속*Inocybe*에 대해 이렇게 평했다.

"크기는 크지만 아무런 특징도 매력도 없으면서 불쾌한 냄새만 풍기는 갈색 버섯의 종합세트다."

하지만 이 주장은 공평하지 못하고 다소 주관적인 평가라고 볼 수 있다. 땀버섯속의 버섯 중에서도 달짝지근한 옥수수 냄새(이런 냄새가 불쾌하다고?)를 풍기는 종도 있고 정액 냄새가 나는 것도 있는 데다 색깔도 갈색이 아니라 라일락처럼 환하고 밝은 보랏빛인 종도 있다. 누가 보더라도 라일락꽃 색깔은 결코 '매력도 없는' 색깔은 아니다.

Lichenicolous Fungi 지의균

지의균은 특정 지의류와 공생, 부생 또는 기생 관계 가운데 한 가지 관계를 맺고 있는 균이다. 어떤 것은 균사체와 기주의 조직으로 이루어진 혹 또는 마디를 만들기도 하지만, 전형적인 지의균은 기주에 아무런 해도 끼치지 않는다. 블라르네야 히베르니카 *Blarneya hibernica* 같은 일부 지의균은 지의류를 구성하고 있는 균을 죽인 후 자신이 균 파트너가 되어 남아 있는 조류의 세포와 결합해 새로운 지의류로 다시 태어나기도 한다. 아텔리아 아라크노이데아 *Athelia arachnoidea* 는 거미류 arachnoid를 뜻하는 이름처럼, 균사체를 거미줄처럼 뻗어 자신의 기주를 덮어버려서 결국 죽게 만든다. 대부분의 지의류가 그러하듯이, 이 종에도 아직 일반 명칭이 없다.

지의균의 생물학적 특성이나 생태에 대해서는 알려진 것이 거의 없다. 지의류의 방어 메커니즘으로 생성된 이차 대사산물을 극복하기 위해 어떤 화학물질을 만들어내는지도 알려지지 않았다. 이들이 기생 생물이라면, 이들의 독성은 어느 정도일까? 광영양공생자[59]와 균 중에서 어떤 부분이 대체로 기주의 역할을 하는 걸까? 지의류에서 자라는 생물종을 북극에서 흔히 볼 수 있는 이유는 무엇일까? 마지막 질문과 관련하여. 지의류 자체도 북극에서 흔히 볼 수 있다. 따라서 따뜻한 기온은 이들의 방어 기제를 교란시키고 있는 것일지도 모른다.

거의 모든 지의류 종은 그 크기가 매우 작다. 가장 큰 것이라 해도 지름이 1밀리미터를 넘는 경우가 드물다. 만약 들판에서 그런 지의균을 찾으려 한다면 꼭 좋은 돋보기를 갖고 다니라고 권하고 싶다.

Lincoff, Gary 게리 린코프

린코프[1942~2018]는 아마도 초보 버섯 연구자들에게는 최고의 실전 가이드북이라 할 수 있는 『오두본 북아메리카 버섯 실전 가이드』*Audubon Field Guide to North American Mushrooms*의 저자이자 현대 균학계의 셀럽이다. 이 책 외에도 『채집과 버섯 마술의 즐거움』*The Joy of Foraging, Mushroom Magick*, 『버섯 발견 가이드』*The Eyewitness Guide to Mushrooms*, 『완벽한 버섯 사냥꾼』*The Complete Mushroom Hunter* 등을 저술했다.

---

59) photobiont: 조류 또는 시아노박테리아.

피츠버그에서 태어난 린코프는 뉴욕시로 이주해 뉴욕 식물원에서 40년 동안이나 균학을 가르쳤다. 그의 강의는 과학적이면서도 그가 가진 연극적인 재능이 더해져 유머가 넘쳤다.[60]

린코프는 사람들을 이끌고 남극 대륙을 제외한 모든 대륙으로 버섯 채집을 다녔을 뿐만 아니라, 뉴욕의 센트럴파크에서도 버섯 채집 애호가들을 이끌고 다니며 공원 경내에서만도 500종 이상의 균을 발견하고 문서로 정리했다. 그는 "센트럴파크에서도 충분히 할 수 있는데 뭐하러 산으로 들로 다니겠어요?"라고 반문하곤 했다.

멘토였던 샘 리스티치처럼, 린코프도 버섯에 대해서라면 그 열정이 끝이 없었다. 어떤 버섯을 가장 좋아하느냐는 물음에 그는 이렇게 답하곤 했다.

"지금 내 눈앞에 있는 버섯!"

더 찾아보기: 샘 리스티치

Lloyd, Curtis Gates 커티스 게이츠 로이드

독학으로 공부한 균학자 로이드[1859~1926]는 기성 균학자들에게는 골칫거리였다. 개인적인 비망록을 정리해 1898년부터 1925년 사이에 자비로 출판한 저널 『로이드의 노트』*Lloyd's Notes*를 보면, 그

---

60) 그는 종종 '균학계의 우디 앨런(Woody Allen)'으로 불리기도 했다.

는 균학자와 균학 전문가들을 잘난 체나 하면서 '난해한 용어'에 집착하는 사람들이라고 생각했던 것 같다. 이 저널에서 그는 세계 곳곳에서 사람들이 자신에게 보내준 표본들을 다뤘다. 그는 특히 말불버섯, 말뚝버섯, 구멍장이버섯 그리고 형태가 특이한 버섯에 관심을 가졌다.

『로이드의 노트』를 보면, 워싱턴 스미스Worthington Smith가 쓴 『영국 담자균 개관』Synopsis of The British Basidiomycetes을 "사하라 사막에 사는 사람이 열대우림에 대해서 쓴 것 같다"고 혹평할 정도로 독설에 능했던 사람인 것 같다. 뿐만 아니라 매우 노골적이기도 했다. 말뚝버섯에 대한 글의 제목을 '네 음경을 알라'Know Your Phalloids로 정했으니 말이다. 여성들과의 낯 뜨거운 염문이 많았던 그에게 이 제목은 남다른 의미를 갖고 있었을 것이다.

로이드는 어떤 종이든 균에 대해 정확하게 묘사하는 것을 무엇보다도 중요하게 여겼다. 그는 분류학의 혁신을 혐오했다. 그러므로 DNA에 집착하는 오늘날의 균학자들에 의해 수많은 이름이 변경되고 수정되는 것을 보며 무덤 속에서 악을 쓰고 있을지도 모른다. 무덤 얘기가 나왔으니 말인데, 그는 자신의 묘비를 미리 만들어 고향인 신시내티의 공동묘지에 세웠다. 묘비문에 이런 말이 들어 있다.

"스스로의 허영을 만족시키기 위해 생전에 직접 세운 묘비."

Lobster (*Hypomyces lactifluorum*) 바닷가재버섯

균계에 존재하는 카니발리즘의 표본이다. 즉, 한 종족 안의 개체들이 서로를 공격하고 잡아먹는 것이다. 이런 상황에서 피해자는 무당버섯속의 루술라 브레비페스 또는 젖버섯속의 버섯들이다. 그리고 포식자는 자낭균인 균기생균속*Hypomyces*의 버섯들이다. 그 결과로 잘 익힌 바닷가재(집게발은 없고 모양이 약간 기괴한) 같은 주홍색의 균류가 나타난다. 이 과정의 어떤 종도 그 자체만으로는 특별히 먹을 만하지 않지만, 결합되어 만들어진 종은 맛이 괜찮다. 가끔은 이 바닷가재버섯을 꾀꼬리버섯과 헷갈리기도 한다. 공격을 받은 버섯의 주름이 능선처럼 보이는데, 꾀꼬리버섯은 주름 대신 능선을 갖고 있기 때문이다.

카니발리즘 습성을 가진 버섯을 몇 가지 나열해보자.

— 엔톨로마 아보르티붐*Entoloma abortivum*: 뽕나무버섯에 기생한다.

— 깔때기털버섯*Volvariella surrecta*: 깔대기버섯속*Clitocybe*을 공격한다.

— 덧부치버섯속*Asterophora*: 썩어가는 무당버섯을 먹어치우거나 종종 젖버섯을 먹는다.

— 혹애기버섯*Collybia tuberosa*: 무당버섯속과 젖버섯속을 분해하기도 하지만, 먹기도 한다.

— 프사티렐라 에피미세스*Psathyrella epimyces*: 먹물버섯을 즐겨 먹는다.

더 찾아보기: 기생균

M

식물의 질병 중 상당수가 균에 의한
것이기 때문에, 식물병리학자들 스스로가
자신을 균학자라고 여기기도 한다.

Magic Mushrooms 마법의 버섯

크기가 작고 색깔은 갈색을 띠며, 포자는 색깔이 진한, 그리고 동물의 배설물이나 나무 부스러기, 낙엽에 자실체를 맺는 일단의 버섯들을 일컫는 일반 명칭이다. 중요한 것은 이 버섯들이 환각을 유도한다는 사실이다. 선두에 있는 종류가 환각버섯속인데, 실로시베 아주레센스*Psilocybe azurescens*, 실로시베 쿠벤시스*Psilocybe cubensis*, 실로시베 세밀란세아타*Psilocybe semilanceata*, 실로시베 스튠치이*Psilocybe stuntzii* 등이 여기에 속한다.

소위 마법의 버섯이라 일컫는 버섯들은 한때 여러 전통문화에서 의식을 치를 목적으로 이용되었지만, 지금은 주로 환각을 유도하기 위해서 혹은 말기 암환자들 같은 불치의 환자들을 위해서 쓰인다. 말기 암환자들에게는 존스홉킨스대학 연구진에 의해 개발된, 환각버섯에서 뽑아낸 알칼로이드가 들어 있는 캡슐을 처방한다.

이 버섯에 의해 유도되는 환각은 긍정적인 경험에서 초현실적인 경험까지 다양하다. 이 버섯으로 환각 상태에 빠졌다가 적당한 시간에 되돌아온 경험이 있는 티모시 리어리*Timothy Leary*는 자신이 잠시 '단세포 유기체'가 되었다고 말했다. 나의 지인인 한 여성은 그보다 더 멀리, 창조의 새벽까지 갔다 왔다고 한다. 빅뱅을 보았느냐고 묻자, "내가 빅뱅이었어요"라고 답했다.

우리가 간과하고 있는 주제는 "왜 특정 버섯은 향정신성 성분을 갖고 있느냐"는 것이다. 그에 대한 답으로 제시되는 주장 중의 하나가, 균 스스로에게 부정적인 영향을 줄 수도 있는 화학 성분을 제거하기 위해 균사체가 그 성분을 자실체에 모아둔 것이라는 설이다. 하지만 균학에 대한 수많은 의문이 그러하듯이, 이 문제도 아직 더 깊은 연구가 필요하다.

더 찾아보기: 테렌스 맥케나, 실로시빈, 마리아 사비나, 테오나나카틀, 고든 와슨

Maitake (*Grifola frondosa*) 잎새버섯

살집이 많고 나팔꽃 모양으로 벌어지는 회색의 갓을 가지고 있다. 병아리들이 이 버섯을 향해 모여들곤 하기 때문에 '숲속의 암탉'이라는 별명도 갖고 있다. 주로 참나무 같은 낙엽성 교목에서 자라며 약한 기생균 또는 부생균으로 간주할 수 있다. 표본 하나의 무게가 22~27킬로그램까지 나가는 것도 드물지 않다.

종종 잎새버섯을 예외 없이 검은색 얼룩이 있는 메리필루스 숨스티네이*Meripilus sumstinei* 또는 땅속에 덩이줄기 같은 덩어리를 감추고 있는 저령*Polyporus umbellatus*과 혼동하기도 한다. 이들 버섯은 모두 식용이므로, 이 정도 실수는 문제가 되지 않는다.

오늘날 북아메리카에서는 '숲속의 암탉'보다는 '마이타케'舞茸라는 일본식 이름이 더 자주 쓰인다. '마이타케'는 '춤추는 버섯'이라는 뜻이다. 이 버섯을 발견한 사람은 대개 기뻐서 덩실덩실

춤을 춘다고 해서 붙은 이름이다. 이 버섯이 인기가 높은 이유는 맛 좋은 식재료이기 때문이기도 하지만, 의학적으로도 매우 가치가 높기 때문이다. 이 버섯은 쉽게 재배할 수 있기 때문에 보통 사람들도 자기 집 뒷마당에서 길러볼 수 있다.

의학적인 가치에 대해서 말하자면, 잎새버섯은 포도당 수치를 낮춰 당뇨를 치료하고 이뇨 작용을 하며 치질을 낫게 하고 관절 통증을 다스려주며 면역체계의 종합적인 자극제로서 기능한다. 이 버섯을 살짝 볶으면 입맛을 돋운다.

더 찾아보기: 구멍장이버섯류

Matsutake (*Tricholoma matsutake*) 송이버섯

일본어로 '마츠'는 소나무를 의미한다. 그리고 '타케'는 버섯이라는 뜻이다. 갓에 적갈색의 넓적한 비늘이 있고 크기는 큰 편에 속하는 하얀색 버섯이다. 자루는 곤봉형이며 갓 아래로 보들보들한 테가 있다.

송이는 특정 소나무의 균근이지만, 기주의 생명이 다하면 부생균으로 변하기도 한다. 수북하게 쌓인 솔잎 아래 감춰져 있어도 특이하고 강렬한 향 덕분에 이 버섯의 존재를 쉽게 알 수 있다. 균학자 데이비드 아로라는 이 버섯의 향을 "강렬한 열기와 낡은 운동 양말 냄새'라고 표현했다.

북아메리카에서는 세 종류의 각기 다른 송이버섯류, 트리콜로

송이버섯은 맛이 매우 뛰어나며 건강과 행복을 의미한다.

마 마그니벨라레*Tricholoma magnivelare*, 트리콜로마 무릴리아눔*Tricholoma murrillianum*, 트리콜로마 메소아메리카눔*Tricholoma mesoamericanum*이 있다.

　일본에서는 거의 1,000년 전부터 송이버섯을 신성시해왔다. 심지어 교토의 황궁에서는 여성들이 공공연하게 '송이버섯'이라는 말을 입밖에 내는 것을 금지한 때도 있었다. 최근에는 일본 시장에서 완벽한 상태의 송이버섯이 개당 400달러에 거래된 적이 있었다. 송이버섯의 가격이 이렇게 높은 것은 이 버섯의 맛이 매우 뛰어나기 때문이기도 하지만, 또한 건강과 행복을 의미하기 때문이기도 하다. 송이버섯은 남성의 성기를 상징하기 때문에 모양이 남성의 성기와 닮을수록 버섯의 가격도 올라간다.

　더 찾아보기: 상업적인 수확

McIlvaine, Captain Charles 캡틴 찰스 매킬베인

미국의 균학자. 남북전쟁 당시 펜실베이니아 보병대 소속 대위로 참전했기 때문에 '캡틴'이라고 불리게 되었다. 북아메리카 균학협회North American Mycological Association는 그의 이름을 따 '매킬베인'이라고 불린다.

매킬베인1840~1909을 유명 인사로 만들어준 첫 저서는 『미국의 버섯 1,000가지』1,000 American Mushrooms로, 그는 이 책에 기록한 거의 모든 버섯의 시식 후기를 기록했다.

그는 "독버섯의 성질에 대한 다른 사람들의 말은 믿지 않는다"라고 썼다. 이 책을 쓰면서 입수하게 된 모든 독버섯을 그는 직접 먹어보았다. 심지어는 노란개암버섯Hypholoma fasciculare처럼 독버섯이라고 알려져 있어서 아무도 먹지 않는 버섯까지 먹었다. 이 버섯을 직접 먹어보고 스스로 "격렬한 배설"이라고 설명한 증상을 경험하지 않았다면, 이 버섯도 먹을 수 있는 버섯이라고 주장했을지도 모른다.

매킬베인의 별명이 '강철 위장을 가진 늙은이'Old Ironguts라는 것도 전혀 놀랍지 않다.

McKenna, Terence 테렌스 맥케나

전직 나비 수집 전문가였으나, 향정신성 물질에 대한 강박적 기호 때문에 반문화 운동의 지도자로 변신했다. 맥케나1946~2000

는 매일 빈속에 마법의 버섯(환각버섯류) 5그램을 섭취하곤 했다. 이 식이요법으로 그는 인류의 먼 조상과 소통하는 감각을 갖게 되었으며 이 버섯이 그의 행동을 변화시킨 것으로 보아 우리 조상들의 행동도 변화시켰을 것이라고 믿었다. 그는 "더 높은 자각의 경지에 이르기 위해 (이 버섯을) 먹었다"고 썼다.

맥케나가 자신을 추종하는 사람들에게 설파한 '마약 원숭이' 가설은 인간의 진화에 대한 신비를 벗겨주었다. 그가 쓴 책 『신의 성찬』*Food of the Gods*에서 볼 수 있듯이, 이 가설에 따르면 우리의 조상들은 마법의 버섯을 먹어 눈이 더 밝아졌을 뿐만 아니라 언어 능력이 생겼다. 즉, 마법의 버섯이 우리 조상들로 하여금 원숭이처럼 웅크린 자세에서 일어나 직립하게 만들었다는 뜻이다. 작고 한 미국의 코미디언 빌 힉스Bill Hicks는 마지막 쇼의 여러 에피소드 중 하나로 맥케나가 주장한 '마약 원숭이' 가설을 연기로 보여주었다.

맥케나는 (그를 비방하는 사람들은 인정하지 않겠지만) 자신이 그러했을 것이라고 믿듯이, 정신활성 작용을 하는 버섯 또는 최소한 그 포자는 외계에서 지구로 날아왔을 것이라고 주장했다.

더 찾아보기: 마법의 버섯, 실로시빈

Medicinal Mushrooms 약용 버섯

약용 버섯을 찾는 요즈음의 대세는 아마도 거대 제약 회사들과 그 의약품에 대한 실망으로부터 시작되었다고 볼 수 있을 것이다. 그렇다 하더라도 약용 버섯에 대한 주장들은 종종 불합리하게 보인다. 특정 버섯이 어떤 사람의 통풍과 치질, 천식과 요실금까지 한꺼번에 치료했다고 하면, 교회의 종들이 미친 듯이 울리게 하고 거대한 범선을 항구에서 출항하게 하며 그린란드의 뱃사람에게 마치 유프라테스강이 눈앞에 있는 듯이 그려보일 수 있게 하는 기적의 약초 팡타그뤼엘리온[61] 못지않게 의심스러워 보일 것이다.

오래전부터, 세계 곳곳의 많은 사람이 특정 버섯을 전통적인 민간요법의 약으로 써왔다. 그러나 전통문화에서 효과가 알려진 것들도 알고 보면 전통과는 전혀 상관이 없는 가짜인 경우도 있다. 그런 문화에서 치유는 종종 종교와 떼려야 뗄 수 없는 것이고, 약에 대한 문화적 또는 종교적 관점이 그 치유력을 부풀린 것일 수도 있기 때문이다. 수천 년 동안 약으로 쓰여온 역사가 특정 버섯에 치유의 힘을 부여했을 수도 있는데, 그러한 전통이 없는 지역에서는 미처 앞뒤를 재볼 여유도 없이 특정 약용 버섯을 맹신하여 사람들이 그 약용 버섯을 사기 위해 건강식품점에 드나들거

---

61) pantagruelion: 라블레의 소설 『팡타그뤼엘』에 나오는 그 팡타그뤼엘.

나 또 그 약용 버섯을 남용하기도 한다.

더 찾아보기: 차가버섯, 잎새버섯, 영지버섯, 표고버섯, 구름송편버섯

Melzer's Reagent 멜저 시약

체코의 균학자 바츨라프 멜저$^{Václav Melzer, 1878~1968}$의 이름을 딴 시약이다.

멜저 시약은 클로랄수화물(독성 주의!)과 요오드화칼륨, 요오드 그리고 증류수를 섞어 만든다. 표본의 포자에 이 시약을 반응시 켰을 때 어떤 색으로 염색이 되느냐 되지 않느냐를 보고 종을 구 분한다. 표본의 포자가 파란색, 푸른 회색, 보라색 또는 짙은 보라 색으로 물들면 아밀로이드, 갈색이나 적갈색 또는 짙은 빨간색으 로 물들면 덱스트리노이드, 포자가 노란색으로 물들거나 아예 염 색 반응이 나타나지 않으면 비아밀로이드 반응이다.

멜저 시약이 가장 반응을 잘 일으키는 표본은 포자의 색깔이 연한 버섯이다. 특히 무당버섯속의 포자를 관찰하는 데 유용하다. 이런 이유로 멜저 자신이 무당버섯 전문가였다.

멜저 시약 외에도 플록신 B$^{Phloxine B}$, 수산화칼륨^{KOH}, 콩고 레 드$^{Congo Red}$, 코튼 블루$^{Cotton Blue}$ 등의 시약이 있다. 균의 세포는 대 부분 수분으로 이루어져 있어서, 이런 시약이 가해지면 원래는 없 던 색이 나타난다. 따라서 표본을 식별하는 데 도움이 된다.

더 찾아보기: KOH

Microfungi 미세균

유기체의 인위적인 분류는 일단 크기를 기반으로 한다. 미세균의 크기는 1밀리미터 또는 그 이하라서 야생에서는 시력이 아주 좋은 사람이거나 아주 좋은 돋보기를 가진 사람이어야 미세균을 구별할 수 있다.

대부분의 미세균은 균사체에서 포자를 방출하거나 분리시키는 방식으로 무성생식을 한다. 개중에는 아주 작은 곤충들에게 성찬의 기회를 마련해주는 것도 있다. 또 다른 미세균은 인간의 먹거리로 잔치를 벌인다. 접합균에 속하는 가는줄기뿌리곰팡이*Rhizopus stolonifer*가 그런 예에 속한다. 이 곰팡이는 사람이 먹는 빵을 아주 맛있게 먹어치운다. 잿빛곰팡이*Botrytis cinerea* 같은 몇몇 미세균은 경제적으로 가치가 높다.

미세균이라고 하면 대부분 효모, 녹균, 표면 곰팡이, 음식 곰팡이[62] 등이 포함된다. 이런 균들이 없으면 술은 물론이고 간장, 템페,[63] 된장 등의 음식도 존재할 수 없다. 미세균이 없다면 계곡

---

62) 영어로 mildew와 mold는 우리말로 모두 '곰팡이'로 옮길 수 있다. mildew는 주로 표면에만 생기는 곰팡이로, 마치 고운 가루 같은 형태이고 벽지나 창틀 등에 생기는 곰팡이가 이런 곰팡이에 속한다. 반면에 mold는 속까지 파고드는 곰팡이로, 고기나 빵 등 음식물에 생기는 곰팡이는 모두 mold에 속한다—옮긴이.

63) tempeh: 콩을 발효시켜 만든 인도네시아 전통 음식—옮긴이.

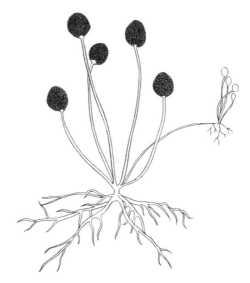

가는줄기뿌리곰팡이를 확대한 모습.
이 곰팡이는 사람이 먹는 빵을 맛있게 먹어치운다.

열,[64] 도열병,[65] 무좀, 칸디다증 같은 질병도 없을 것이다.

　더 찾아보기: 귀부, 푸른곰팡이속, 녹병균류, 계곡열, 효모, 접합균문

64) 가축의 낙태와 사망을 초래하는 바이러스성 질병. 주로 동물에게 감염
　　되지만 사람에게도 전염되어 심각한 질병을 일으킬 수 있다―옮긴이.
65) 볏잎과 볍씨에 어두운 반점을 남기는 곰팡이성 질병―옮긴이.

Mildews 표면 곰팡이

하얀 균사가 얇은 막을 형성하며 관다발식물에서 자란다. 곰팡이에는 크게 두 종류가 있고, 둘 다 자낭균에 속한다.

노균과Peronosporaceae 곰팡이는 몇몇 식물에 영향을 주는데, 잎 조직에만 영향을 줄 뿐 줄기와 잎자루에는 해를 끼치지 않는다. 주로 포도나무를 좋아한다. 이 곰팡이 때문에 간혹 기주가 죽기도 하지만, 대부분의 경우는 그렇지 않다. 노균류는 주로 건조한 여름 날씨에 나타나는데, 식물에게는 습한 여름보다 더 견디기 힘든 기후다.

흰가루병균과Erysiphaceae 곰팡이는 노균류보다 더 해롭다. 이 곰팡이는 기주가 갖고 있던 영양분과 수분의 통로를 자신의 균사체로 돌려놓기 때문에 기주가 점점 마르며 시들시들해지고 심지어는 죽기도 한다. 흰가루병균류는 농작물을 공격하기도 하고 관상용 식물을 공격하기도 한다. 특히 장미흰가루병균Sphaerotheca pannosa은 온실 속의 장미를 공격한다.

가정에서 기르는 식물들이 이렇게 쉬운 공격 목표가 되는 이유는 무엇일까? 가정용 식물들은 대개 야생의 식물들처럼 균의 공격을 방어할 만한 능력을 갖고 있지 못하기 때문이다. 가정용 식물은 대개 교배종이어서 유전적 다양성이 부족하다. 따라서 병원균의 공격에 취약할 수밖에 없다. 단일경작이나 단일재배도 병원균에게 쉬운 목표가 되게 한다. 이런 환경에서 자란 식물은 쉽게 병에 걸리고, 병에 걸리지 않더라도 면역체계가 약하기 때문에 병원균에게는 손쉬운 먹잇감이 된다.

Mold 음식 곰팡이

특정 자낭균류의 무성생식 단계를 이르는 유전학적 용어로, 분생자로 덮여 마치 솜털처럼 보드라운 외관을 형성한다. 공식적으로는 총생균류^{Hyphomycetes}라고 알려져 있다.

음식 곰팡이 중에서 일부[66]는 환금성 작물에 해를 입힐 수 있다. 누룩곰팡이속^{Aspergillus}과 포자가지균속^{Cladosporium} 곰팡이들은 심각한 알레르기와 폐 질환을 일으킬 수 있다. 허리케인 카트리나가 휩쓸고 지나간 뒤 뉴올리언스에 나타난 곰팡이^{Stachybotrys} ^{chartarum}는 수많은 주민에게 건강상의 문제를 일으켰으며 이 곰팡이에 감염된 사람들 중 일부는 사망하기까지 했다. 한편, 검은아스페곰팡이$^{Aspergillus\ niger}$에서 유래하는 α-갈락토시다아제는 소화 보조제의 주요 성분으로 쓰인다. 따라서 음식 곰팡이 가운데 적어도 한 종류는 위에 가스가 차는 증상을 막는 데 도움이 된다.

음식 곰팡이 중에서 어떤 것들, 특히 부들국수버섯류$^{Typhula\ spp.}$는 쌓인 눈 아래의 잔디 같은 식물을 공격하는 기생균이라서 종종 스노 몰드$^{snow\ mold}$라는 별명으로 불리기도 한다. 부들국수버섯

66) 포도송이균류(*Botrytis* spp.)와 푸른곰팡이류(*Penicillium* spp.).

은 잔디에 둥그런 고리를 만들기 때문에 종종 UFO가 착륙했던 자리라는 오해를 사기도 한다.

사람이 사는 집에 생기는 음식 곰팡이인 트리코데르마 롱기브라키아툼*Trichoderma longibrachiatum*은 항균 화학물질에 대한 내성이 매우 높기 때문에, 옛 소련의 과학자들은 만약 소련에서 핵무기가 동난다면 미국에 이 곰팡이 폭탄을 떨어뜨리면 될 거라고 우스갯소리를 하기도 했다.

더 찾아보기: 귀부, 푸른곰팡이속

Morels (*Morchella* spp.) 곰보버섯류

자낭균류의 대표적인 식용 버섯이다. 반균류에 속하는 곰보버섯류는 각 개체로 보면 마치 컵을 엎어놓은 것처럼 생겼기 때문에, 곰보버섯 군집을 마주하면 여러 개의 컵을 벌집 대형으로 자루 위에 엎어놓은 것처럼 보일 수 있다.

북아메리카에서 나는 곰보버섯류 중 몇 가지는 맛이 좋은 것으로 알려져 있지만, 메리웨더 루이스*Meriwether Lewis*[67]는 서부 해안을 향한 탐험 도중 먹어본 곰보버섯이 "아무 맛도 없었다"고 평했다. 원주민 중 일부는 이 버섯이 땅에서 솟아난 자기들 조상의 음

---

67) 루이스와 클라크 탐험대의 루이스 대위로 1804~1806년까지 도보로 북아메리카 대륙을 탐험했다―옮긴이.

경이라고 믿어 먹기를 거부
했다고 한다. 자기 증조할아
버지의 성기를 먹을 사람이
어디 있겠는가?

어떤 종은 산불이 났던
자리에서 1~2년 후에 우후
죽순처럼 생겨나는 경향이
있는데, 그 이유는 아직도
명확하게 밝혀지지 않았다.
또 다른 종은 굳이 불탄 자
리를 필요로 하지 않고 여
러 종류의 나무와 균근관계
를 맺으며, 기주가 죽으면
송이버섯처럼 부생균이 된
다. 가장 흔한 곰보버섯은
주로 물푸레나무와 균근관

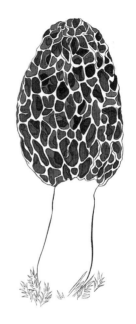

곰보버섯은 군집을 마주하면
여러 개의 컵을 벌집 대형으로
자루 위에 엎어놓은 것처럼 보인다.

계를 맺는데, 북아메리카 중서부 이북 지역에서는 서울호리비단
벌레라는 곤충 때문에 물푸레나무 자체가 감소하면서 곰보버섯
의 자실체도 감소하는 추세에 있다.

많은 곰보버섯류가 히드라진이라는 독성 물질을 품고 있어서
날것으로 먹으면 위장 장애를 일으킬 수 있다. 100퍼센트 안전하

다고 할 수는 없지만, 조리하면 이 독성이 대부분 제거된다.

더 찾아보기: 반균류, 송이버섯

Mushroom Websites 버섯 웹사이트

버섯에 대한 가장 인기 있는 웹사이트라면 아마도 균학자이자 IT계의 황금 손, 네이선 윌슨[Nathan Wilson]이 2006년에 개설한 '버섯 관찰자'[Mushroom Observer](www.mushroomobserver.org)일 것이다. 수천 명의 사용자가 이 사이트에 100만 장에 가까운 사진을 게시하며 사용하고 있다. 내가 이 책의 원고를 다 썼을 즈음에는 훨씬 더 많은 사진과 글이 게시되어 있을 것이다. 많은 사용자가 흔치 않은 종의 학명과 함께 자세한 설명까지 올리고, 또 다른 많은 사용자는 자신이 발견한 종의 정체를 알려달라고 요청하는 글을 올린다.

이외에도 아래와 같이 무료로 사용할 수 있는 온라인 사이트들이 있다.

—Index Fungorum(www.indexfungorum.org): 각종 균의 최신 학명에 대한 정보를 알기에 좋은 사이트

—Mycology Collections Portal(www.mycoportal.org): 북아메리카의 균 다양성에 초점을 맞춘 사용자 친화적 사이트

—Mushroom Expert(www.mushroomexpert.com): 균의 동정에 주력하는 사이트

—Cornell Mushroom Blog(www.blog.mycology.cornell.edu): 버섯에 대해 다루는 최고의 블로그 중 하나
—Omphalina(www.nlmushrooms.ca/omphalina.html): '포레이 뉴펀들랜드 앤드 래브라도'[68]의 정보와 재치가 넘치는 온라인 뉴스레터
—Cybertruffle(www.cybertruffle.org.uk): 균과 관련된 수많은 웹사이트의 호스트 사이트

Music 음악

버섯은 여러 음악 그룹의 이름뿐만 아니라 음악 자체에도 영감을 주었다. 몇 가지 예를 들어보자.

—'감염된 버섯'Infected Mushroom: 몽환적인 음악을 하는 이스라엘 출신의 밴드. 사이키델릭 음악을 연주한다. 이들이 낸 앨범 가운데 하나는 제목이 '고전적인 버섯'Classical Mushroom 이다.

—영국령 버진아일랜드의 음악 중 한 유형을 '균'Fungi이라고 하는데, 서로 다른 여러 유형의 음악들을 온갖 뒤범벅으로 섞어놓은 듯한 음악이다. 또 이 섬에는 버섯을 포함해서 서

---

68) Foray Newfoundland and Labrador: 캐나다 뉴펀들랜드주를 포함해 래브라도반도에서 아마추어 버섯 채집가들이 조직한 비영리단체.

로 다른 여러 가지 음식을 마구 뒤섞어놓은 요리도 있다.

─에스토니아의 작곡가 레포 수메라Lepo Sumera의 「버섯 칸타타」. 코러스가 여러 버섯의 라틴어 이름을 계속해서 노래한다.

─「버섯 따기」Gathering Mushrooms: 19세기 러시아 작곡가 모데스트 무소르그스키Modest Mussorgsky가 작곡한 노래.

─「그 버섯은 어떻게 전쟁에 나갔나」How the Mushrooms Went to War: 이고르 스트라빈스키Igor Stravinsky가 작곡한 노래.

─'버섯머리'Mushroomhead: 미국 클리블랜드의 얼터너티브 메탈 밴드.

─체코의 작곡가 바츨라프 할렉이 작곡한 여러 곡.

─균학자 래리 에반스Larry Evans의 앨범 '펑걸 부기'Fungal Boogie 에는 「나는 곰보버섯을 너무 좋아해」I Just Like Morels Too Much 와 「야비한 말뚝버섯」StinKhorn Lowdown이라는 제목의 블루스 곡이 들어 있다.

─작곡가 프란츠 슈베르트Franz Schubert의 별명도 버섯과 연관 이 있다. 키가 150센티미터 정도밖에 안 되는 단신이었기 때 문에, 친구들은 그를 '슈와메를'Schwammerl, 꼬마버섯이라는 애 칭으로 불렀다.

더 찾아보기: 존 케이지, 바츨라프 할렉

Mycelium 균사체

계속해서 가지를 쳐나가는 균사의 집합체. 균사는 균의 짐말 workhorse이라고 할 수 있다. 모든 거대균과 거의 모든 미세균이 이런 짐말을 가지고 있다.

기질 속에 파묻혀 필요한 양분을 얻어내기 위해 여러 종류의 효소에 의지하는 균사체는 적절한 시기에 이르면 하나 또는 그 이상의 자실체를 만든다. 균사체는 생물량의 상당한 부분을 이 자실체에 보내므로, 아무 생각 없이 손에 닿는 대로 버섯을 따면서 자신의 행동이 그 버섯의 균사체에 아무런 해를 끼치지 않는다고 생각한다면 오산이다.

폴 스태미츠Paul Stamets가 '자연의 인터넷'이라고 칭한 균사체의 네트워크는 환경조건에 따라 전진하거나 후퇴하면서 아주 먼 거리, 아주 넓은 면적을 뻗어나갈 수 있다. 건강한 흙 한 줌 안에는 몇백 킬로미터 길이의 균사체가 들어 있을 수 있다. 균사체의 굵기는 세포 한 개의 폭 정도밖에 안 되기 때문에, 사람의 맨눈으로는 볼 수 없다. 균사체가 스스로 균사다발로 뭉치지 않는 한 우리 눈에는 보이지 않는다.

모든 동물이나 식물과 마찬가지로, 균사체도 핵 속에 한 무리의 유전자를 가지고 있으며 세포 속 미토콘드리아는 핵 속의 유전자와는 다른 무리의 유전자를 담고 있다. 이 유전자들은 어쩌다 같은 기질 안에 함께 있게 된 다른 균사체와 매우 격렬한 경쟁

균사체는 가지를 계속해서 쳐나가는 균사의 집합체다.

을 하고 있을 수도 있다. 균사체는 문제의 불청객을 향해 "내 영역에서 썩 꺼져!"라고 소리치는 대신 화학물질을 방출한다.

더 찾아보기: 균사

Mycologist 균학자

개인적으로 균에 과학적인 흥미를 가진 전문가 또는 아마추어. '균학'Mycology이라는 용어는 1837년 잉글랜드의 목사 마일스 버클리가 처음 만들어냈다. 그 이전에는 균을 연구하는 사람도 식물학자의 한 부류로 간주했지만, 균은 식물보다 하등한 유기체라고 인식했으므로 균을 연구하는 사람도 일반적인 식물학자에 비해 얕잡아 보는 경향이 있었다.

사실 균이 식물에서 독립되어 나온 것도 비교적 최근인 1969년에 이르러서였다. 이때 균도 하나의 계로서 분리되어 '균계'가 되었다. 균은 식물도 약초도 아니지만, 체계적으로 정리된 균의 표본들은 지금도 여전히 식물관에 수장되어 있다.

식물의 질병을 연구하는 사람을 식물병리학자phytopathologist라고 부른다. 식물의 질병 중 상당수가 균에 의한 것이기 때문에, 식물병리학자들 스스로가 자신을 균학자라고 여기기도 한다. 물론 많은 균학자도 자신을 식물병리학자라고 여긴다.

다음과 같은 균학자들이 이 책에 소개되어 있다. 메리 배닝, 마일스 버클리 목사, 존 케이지, 조지 워싱턴 카버, 카롤루스 클루시우스, 모데카이 큐빗 쿡, 엘리어스 마그누스 프라이스, 게리 린코프, 커티스 게이츠 로이드, 찰스 매킬베인 대위, 찰스 호턴 펙, 베아트릭스 포터, 샘 리스티치, 월터 스넬, 폴 스태미츠, 롤랜드 댁스터 그리고 고든 와슨.

Mycophage 식균생물

균을 먹는 모든 유기체. 그들 중 일부는 살기 위해 의무적으로 또는 억지로 균을 먹지만, 또 다른 일부는 선택적으로 균을 먹는다.

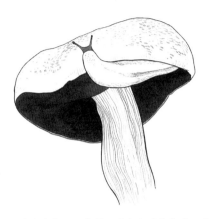

민달팽이는 좋아하는 버섯이 제각각 다르며
선택적으로 균을 먹는 쪽에 속한다.

효모에만 의지해 영양분을 섭취하는 초파리*Drosophila* sp., 주로 트러플과 특정 지의류를 먹고 사는 캘리포니아대륙밭쥐*Myodes californicus*, 균의 균사체와 포자를 먹고 사는 나무좀, 먹이로 삼기 위해 균사체를 열심히 기르는 여러 종류의 개미와 흰개미들이 의무적으로 균을 먹는 쪽에 속한다.

다이앤 포시*Dian Fossey*에 따르면, 크기가 크고 튼실한 구멍장이버섯을 주요 먹이로 삼는 마운틴고릴라*mountain gorilla*, 오스트레일리아에 사는 유대류로 지중버섯[69]을 찾으려고 매일 수많은 굴을

69) hypogeous fungi: 땅속에 사는 균.

파는 워일리^{Woylie}, 겨울을 나기 위해 버섯, 특히 무당버섯류를 저장하는 다람쥐, 북아메리카에 살고 대개 트러플처럼 생겼지만 트러플이 아닌 버섯을 먹거나 때로는 무당버섯류를 먹이로 삼는 북미날다람쥐, 제각각 좋아하는 버섯이 다른 여러 종류의 민달팽이 등이 선택적으로 균을 먹는 쪽에 속한다. 톡토기목^{Collembola}의 곤충들은 버섯이라면 무엇이든 가리지 않고 먹는다. 그리고 호모 사피엔스는 식용버섯과 독버섯을 구별하는 데 있어서 다른 어떤 동물보다도 실수가 잦은 동물이다.

아이러니하게도, 많은 균이 동물에게 먹힘으로써 큰 혜택을 누린다. 균을 먹는 동물들은 자기 몸과 배설을 통해 포자를 전파하고 확산시키는 역할을 하기 때문이다.

더 찾아보기: 암브로시아, 버섯을 기르는 곤충, 중독

Mycophobia 버섯혐오증

1887년 영국의 균학자 윌리엄 델리슬 헤이^{William Delisle Hay}가 고안한 용어. 균과 버섯을 노골적으로 혐오하거나 공포감을 느끼는 태도를 말한다. 버섯혐오증의 최근 사례는 학생들이 품행이 나쁜 학급 친구를 가리킬 때 사용하는 "우리 반에 균이 있다"라는 말일 것이다.

균혐오증은 새로운 현상이 아니다. 그리스의 의사 니칸드로스^{Nicander, 기원전 85?}는 균을 "땅의 악한 기운이 발효된 것"이라고 말

했다. 독일의 탁발 수도사 알베르투스 마그누스^{Albertus Magnus, 1200~}
^{80?}는 "버섯을 먹으면 그 자리에서 실성한다"고 믿었다. 스웨덴의
위대한 분류학자 칼 린네^{Carolus Linnaeus, 1707~78}는 균을 '걸인'이라
고 묘사했다. 고대 힌두인들은 버섯을 먹는 사람은 가장 혐오스
러운 죄인이라고 생각했다. 셜록 홈즈의 창조자인 코난 도일^{Arthur}
^{Conan Doyle}은 『나이젤 경』^{Sir Nigel}이라는 소설에서 주홍색 버섯이
자라는 밭을 이렇게 묘사했다.

"마치 병든 땅의 고름주머니가 터진 것 같았다."

이 마지막 인용은 버섯혐오증의 대미를 장식하는 표현일 것이다.

이런 생물학적 차별주의는 어디서 비롯되었을까? 어쩌면 모든
버섯은 혐오스럽다는 주장은 사람들이 독버섯을 먹고 죽는 일을
막으려는 계산에서 나온 방책일지도 모른다. 우리 몸이나 배설물
은 균이 좋아하는 기질이기는 하지만, 우리 몸은 균을 딱히 좋아
하지 않는다. 이런 가능성도 있다. 균이 부패하면 그 냄새가 우리
의 주검이 부패할 때 나는 냄새를 연상시키기 때문일지도 모른다.

Mycoremediation 균정화법

균학자 폴 스태미츠^{Paul Stamets}가 만든 용어로, 목재부후균을 이
용해 오염된 서식지로부터 독성 물질을 제거하고 다시 건강한 서
식지로 만드는 방법을 말한다. 불필요한 물질을 분해하는 효소를
배출하는 균들이 여기에 쓰인다. 이렇게 쓰이는 균은 대부분 백

색부후담자균이다.

균정화법의 몇 가지 예를 들어보자. 느타리버섯은 디젤유로 오염된 토양은 물론 원유 속의 독성 물질도 분해한다. 껍질버섯의 일종인 무성유색고약버섯*Phanerochaete chrysosporium*은 살충제 DDT의 잔유물을 깨끗하게 분해한다. 곰팡이 아스페르길루스 튜빙겐시스 *Aspergillus tubingensis*는 폴리에스터 플라스틱을 아주 작은 조각으로 분해한다. 인간이 저지른 실수를 교정해주는 곰팡이가 몇 가지 더 있지만, 이들의 능력이 지구상 어디에서나 똑같이 발휘되는 것인지 아니면 국지적이거나 조건에 따라 달라지는 것인지는 아직 확실하지 않다.

일반적으로 균정화법의 예라고 간주할 수 있는 것은 아니지만, 미국에서는 곤충을 죽이는 균인 매미나방병원균*Entomophaga maimaiga*을 방제에 이용하고 있다. 매미나방 때문에 이미 죽어가는 나무는 어쩔 수 없더라도, 더 이상 다른 나무에 매미나방 애벌레가 생기지 못하도록 하는 것이다.

더 찾아보기: 폴 스태미츠, 백색부후균

N

잿빛곰팡이에 감염된 포도로 빚은 와인은
보통 포도로 빚은 와인보다 훨씬 단맛을 띠게 되고,
그래서 전형적인 디저트 와인으로 완성된다.

Noble Polypore (*Bridgeoporus nobilissimus*) 귀족구멍장이버섯

북서태평양에서 발견되는 매우 크고 매우 희귀한 구멍장이버섯. 무게가 136킬로그램이나 나가고 갓의 지름이 1.5미터나 되는 표본이 있었던 것으로 알려져 있다. 균학자 에머리 시먼스Emory Simmons는 이 버섯을 보고 곰으로 오인한 적이 있었다. 엄청나게 큰 갓 위에 머리털 같은 균사가 수북하게 덮여 있기 때문에 충분히 그렇게 보일 수 있다. 사실 이 머리카락 같은 균사는 단세포 조류나 다른 버섯은 말할 것도 없고 알래스카 허클베리, 연령초, 진달래과 관목 같은 식물에게도 작지만 훌륭한 서식지가 되어준다.

넉넉한 뱃살을 갖고 있던 균학자 윌리엄 브리지 쿡William Bridge Cooke의 이름을 따서 명명된 이 버섯은 한때 세상에서 가장 큰 자실체를 만드는 버섯으로 알려졌다. 그러나 2003년에 잉글랜드의 큐 식물원에서, 느릅나무시들음병에 걸려 방치되었던 느릅나무의 밑동에서 이 버섯보다 조금 더 큰 구멍장이버섯인 흑잔나비버섯Rigidoporus ulmarius이 발견되었다. 그런데 2010년에는 중국의 하이난섬에서 앞의 두 버섯을 난쟁이로 만들어버린 새로운 종이 발견되었다. 믿거나 말거나, 문제의 주인공 펠리누스 엘립소이데우스Phellinus ellipsoideus는 길이가 10.7미터, 개체 하나의 무게가 360킬로그램이나 나갔다.

다시 귀족구멍장이버섯으로 돌아가보자. 지금까지 발견된 이 버섯의 표본은 100개가 채 되지 않는다. 아마도 기질을 매우 까다롭게 고르기 때문일 수도 있다. 이 버섯은 늙은 귀족전나무*Abies procera*에서만, 그것도 고도 600미터 이상의 고지에서만 자란다. 때문에 매우 이미 희귀한 종이 되었고 어쩌면 이미 멸종했을지도 모른다.

Noble Rot 귀부

잿빛곰팡이에 의해 생기는 귀부貴腐는 딸기에 생기면 아예 딸기를 죽게 만들거나 쓸모없게 만들어버리지만, 포도에 생기면 그 포도를 아주 귀하게 만들어준다. 잿빛곰팡이는 기주의 표피를 뚫고 들어가면서 기주가 수분을 잃게 만드는데, 그 결과 당분의 함량을 높여준다. 따라서 잿빛곰팡이에 감염된 포도로 빚은 와인은 보통 포도로 빚은 와인보다 훨씬 단맛을 띠게 되고, 그래서 전형적인 디저트 와인으로 완성된다.

하지만 극단적으로 더운 날씨에서는 포도에 재앙을 가져다준다. 이런 날씨에서는 잿빛곰팡이가 포도를 너무 바싹 마르게 해서 결국 죽게 만들기 때문이다.

포도원에서는 귀부가 발생하면 잿빛곰팡이가 제 역할을 다할 때까지 포도나무를 잘 보호하며, 잿빛곰팡이의 역할이 끝나면 그 포도는 '귀부포도'가 된다.

더 찾아보기: 음식 곰팡이

느타리버섯의 균사는 선충의 입안으로
들어가 마비되어버린 선충의 몸 안에서부터
질소가 풍부한 이 간식을 먹어치운다.

Orchid 난초

균과 관계를 맺는 균근식물이지만 다른 균근식물과는 차이가 있다. 첫째, 균 파트너와 뿌리를 통해 연결하지 않는다. 뿌리는 이미 오래전에 포기했기 때문이다. 대신 씨앗이나 묘목을 통해 연결한다. 난초는 영양분의 상당 부분[70]을 균 파트너에게 얻지만, 그 대가로 균 파트너가 난초로부터 무엇을 얻어 가는지는 아직도 미지수다. 난초는 많은 걸 주겠다고 약속하고서는 아무것도 주지 않는 식으로 균에게 사기를 치고 있는지도 모른다.

다른 종의 유기체에 대한 난초의 속임수는 사실 드물지 않다. 어떤 난초는 수분을 해주는 곤충에게 먹이를 제공하는 것처럼 보이지만, 실제로는 그들의 봉사와 노동으로 이루어지는 타가수정에 대해 어떤 것으로도 보답을 해주지 않는다.

난초의 균 파트너는 자낭균이나 담자균, 둘 중 하나다. 이들 중에서 모닐리옵시스속*Moniliopsis* 균은 무성생식균이고 어떤 것은 융단버섯속의 껍질버섯이다. 또 어떤 것은 땀버섯속이나 뽕나무버섯처럼 살집이 있다. 난초가 정말로 뽕나무버섯을 속여서 양분을 받기만 하고 아무 보상도 하지 않는다면, 뽕나무버섯에 대한 난초의 관계는 기생균에 기생하는 기생식물이라고 설명해야 할지도 모른다.

---

70) 예를 들면 탄소의 경우는 대략 1/3.

Ötzi 외치

1991년에 오스트리아 티롤의 알프스산맥 빙하 속에서 발굴된 선사시대 사람의 미라에 붙여준 이름. 완전히 미라화된 외치의 소유품에서 두 종류의 구멍장이버섯이 발견되었다. 그중 하나는 자작나무잔나비버섯으로, 장식이 달린 가죽 끝에 붙어 있었다. 십중팔구 외치는 회충을 없애기 위해 이 버섯을 달여 먹었을 (또는 달여 먹으려고 했을) 것이다. 마찬가지로, 가죽 주머니 속에 들어 있던 말굽버섯은 아마도 부싯깃으로 썼을 것이다. 말굽버섯은 부싯깃버섯이라고 불리기도 하는데, 외치가 지니고 있었던 것으로 보이는 이 버섯의 균사 가닥에는 황철광의 흔적도 남아 있었다. 아마도 외치는 말굽버섯에 불을 붙여 화살이 박혔던 상처를 소작하려 했을 것이다. 그는 결국 그 부상 때문에 죽었을 것이다.

캐나다의 이스턴 크리족도 비교적 최근까지, 외치가 썼을 것으로 추정되는 것과 비슷한 용도로 이들 두 가지 버섯을 이용했다는 점으로 비추어 대서양 양안에서 비슷한 진화가 이루어졌음을 알 수 있다.

더 찾아보기: 아마두, 민속균학, 구멍장이버섯류

Oyster Mushroom (*Pleurotus* spp.) 느타리버섯류

나무를 기질로 삼아 자라며 하얀색의 주름과 살집이 있는 버섯. 느타리버섯은 매우 인기 있는 식용 버섯이지만, 느타리버섯도 다양한 먹이를 먹고 자란다. 예를 들면, 느타리버섯은 선충이라고 불리는 선형동물을 좋아한다. 느타리버섯의 균사는 독성 트리콜롬산 방울을 분비하면서 선충의 입안으로 들어가 마비되어버린 선충의 몸 안에서부터 질소가 풍부한 이 간식을 먹어치운다. 아니면 1밀리미터 크기의 선충에 균사 올가미를 씌워버린다.

박테리아도 느타리버섯의 메뉴판에 올라 있다. 앙증맞고 맛있는 이 간식 덩어리가 어디 있는지 감지하면, 균사는 특수한 세포를 이용해 간식 덩어리 안으로 침투한 다음, 그 양분을 주요 균사체로 이동시키는 방법으로 간식을 먹어치운다.

느타리버섯은 사람의 실수도 먹이로 삼는다. 이 버섯의 균사체는 석유의 핵심 분자인 다환방향성탄화수소를 분해하고 소화시킨다. 폴 스태미츠를 비롯한 여러 균학자는 느타리버섯에서 배양된 균사체를 접종함으로써 디젤유로 오염된 장소를 정화했다.

느타리버섯이 항상 먹이 피라미드의 높은 자리에 있는 것은 아니다. 버섯벌레류*Triplax* spp.는 살 곳으로서뿐만 아니라 먹잇감으로 느타리버섯을 선택한다. 즉, 제집에서 집을 파먹고 사는 것이다.

더 찾아보기: 버섯 재배, 균정화법, 폴 스태미츠

P

이 포자들이 모두 댕구알버섯이 된다면
지구 표면을 댕구알버섯으로만
수십 미터 두께로 덮을 수 있을 것이다.

Parasites 기생균

파트너와 일방적인 관계를 맺고 지내는 균은 아주 건강하던 파트너를 죽이기도 한다.

뽕나무버섯, 구멍장이버섯 외에도 녹병균, 음식 곰팡이, 효모 등은 덩치가 더 큰 대부분의 균들에 비해 기생균이 될 확률이 높다. 식물, 특히 가정에서 기르거나 농작물로 기르는 식물은 늘 보호를 받으며 자라기 때문에 균에 대항할 만큼 강한 저항력을 갖고 있지 못하고, 따라서 이러한 균의 작용에 취약하기 쉽다. 나무는 페놀수지라는 항균 물질을 분비함으로써 균의 침범을 어느 정도 막아낼 수 있지만, 모든 균의 공격을 막아내지는 못한다.

솔직히 말하자면, 많은 기생균이 실제로는 기생균이라기보다 부생균이다. 이미 죽어가는 유기체를 공격하기 때문이다. 강풍이나 번개, 해충, 나무에 제 몸을 비벼대기 좋아하는 유제류 동물, 이미 나이가 많은 나무, 질소고정박테리아의 공격으로 연약해진 나무나 이런저런 이유로 부상을 당하거나 부러진 나무를 생각해보자. 이런 나무와 만나는 순간, 부생균이나 기생균이나 군침을 흘리기는 마찬가지일 것이다.

많은 균이 오직 한 종류의 침엽수, 선형동물 또는 흰목이속 같은 껍질버섯의 균사체를 공격하는 절대기생균이다. 곤충에 기생하는 여러 종류의 포식동충하초류는 특정 종의 곤충만 공격할 뿐 다른 곤충은 건드리지 않는 절대기생균이다. 그런 면에서 포식동충하초의 곤충 식별 능력은 매우 뛰어나다고 할 수 있다.

더 찾아보기: 구멍장이버섯류, 부생균

Peck, Charles Horton 찰스 호턴 펙

펙[1833~1917]이 살던 당시에는 대부분의 균학자들처럼 식물학자로 대접받곤 했지만 종종 '미국 균학의 아버지'라고 불렸다. 뉴욕의 식물학자로서, 48년 동안 2,500~3,000종의 균을 기록하고 설명했다. 몇몇 종에는 그의 이름을 딴 학명이 주어졌다. 히드넬룸 페키이*Hydnellum peckii*라는 학명을 받은 피즙갈색깔때기버섯과 그물버섯류에 속하는 부티리볼레투스 페키이*Butyriboletus peckii*가 그 예다.

펙은 어쩌면 인류 최초로 애디론댁산맥의 라이트피크*Wright Peak*에 오른 사람일 수도 있지만, 다른 많은 등반가와는 달리 최초로 정상을 정복했을 뿐만 아니라 정상까지 가는 루트에 있던 균과 식물들까지 연구했다. 그는 메리 배닝의 균학 연구를 인정한 당대 유일한 균학자였다. 다른 균학자들은 단지 그녀가 여자라는 이유만으로 모두 그녀의 연구를 무시했다.

독실한 장로교 신자였던 펙은 술도 담배도 하지 않았고, 아마도 발견한 균을 동정할 수 없었을 때조차 욕 한마디 하지 못하는 사람이었을 것이다.

더 찾아보기: 메리 배닝

Pegtymel 페그티멜

시베리아의 페그티멜강 하구 근처 바위에 그 지역에서 순록을 치는 추크치족 사람들이 그렸을 것으로 보이는 청동기시대 암각화가 있다. 이 암각화는 거대한 버섯[71]을 머리에 이고 있는 사람들을 그리고 있다.

2000년, 러시아 북극의 인류학자 안드레이 골로프네프Andrei Golovnev는 이 암각화에 매료되어 「페그티멜」이라는 제목으로 32분짜리 다큐멘터리를 만들었다. 이 영상에는 드럼 소리, 단순한 가락으로 가사가 반복되는 노래 속에서 순록의 젖을 짜면서 광대버섯을 먹는 추크치족 사람들과 함께 암각화가 등장하는 장면이 있다. 영상은 전통을 지키며 살아가는 추크치족 사람들과 암각화를 오가면서 이제는 거의 사라져버린 선사시대 사람들의 삶을 서정적으로 보여준다.

스페인의 셀바 파스쿠알라Selva Pascuala와 알제리의 타실리 나제르Tassili n'Ajjer의 동굴에 남아 있는 동굴벽화는 대개 두상이 거대한 사람들을 보여주고 있다. 이러한 거대한 두상이 버섯을 그린 것인지 아니면 보통 사람들보다 많은 지식을 가진 샤먼[72]을 의미하는 것인지는 아직 분명하지 않다.

---

71) 구체적으로 말하자면 광대버섯.
72) 머리가 클수록 더 많은 지식을 가졌다고 믿었을 것이다.

청동기시대의 암각화로 사람들이 거대한 버섯을
머리에 이고 있는 모습이다.

더 찾아보기: 광대버섯

Penicillium 푸른곰팡이속

300개 이상의 종을 거느린 속. 이중 상당수가 자신에게 필요한
영양분을 충족시키기 위해 열성적으로 기질을 변화시키는 토양
균이다. 일부 종은 음식을 상하게 하고, 또 다른 종은 배설물에서
산다. 그리고 또 다른 종은 브리Brie, 고르곤졸라Gorgonzola, 로크포
르Roquefort 등의 치즈를 숙성시킨다. 치즈에 대해서 말하자면, 핀
란드에서는 로크포르푸른곰팡이Penicillium roqueforti를 최고의 식용균
중 하나로 쳐준다. 이 곰팡이가 로크포르 치즈를 만들어주기 때

문이다.

푸른곰팡이는 말할 것도 없이 항생제 페니실린의 가장 중요한 성분으로 알려져 있다. 잘 알려져 있듯이, 1929년에 약리학자 알렉산더 플레밍 경^{Sir Alexander Fleming}이 포도상구균^{Staphylococcus sp.}을 배양하던 배양 접시 속에서 페니실리움 크리소게눔^{Penicillium chrysogenum}의 자실체를 발견했다. 플레밍은 이 곰팡이를 분리해 따로 배양했고, 여기서 박테리아의 세포벽을 약화시키는 항생제를 얻어냈다. 그 경이로운 마법의 항생제가 바로 페니실린이었다. 그러나 플레밍이 페니실린을 만들어내기 오래전, 고대 이집트 사람들은 곰팡이 핀 빵을 상처에 문질러서 항생제 페니실린을 처방받은 것과 비슷한 효과를 누렸던 것으로 보인다.

북극과 남극에 서식하는 푸른곰팡이속의 몇몇 종은 빙하를 기질로 활용하기 때문에, 기후변화의 위기가 지속된다면 머지않아 지구상에서 사라질지도 모른다.

Phallus impudicus 말뚝버섯

곧게 뻗으면서 자라며 옅은 녹색을 띠는 기본체[73] 위에 자잘한 구멍이 나 있다. 이 버섯의 라틴어 학명은 '부끄러움을 모르는 남근'이라는 뜻이다. 1597년에 영국의 식물학자 존 제러드^{John Gerard,}

---

73) gleba: 갓을 덮고 있는 점액질의 막.

1545~1612는 자신이 쓴 책 『약초』*Herbal*에서 이 버섯을 '음경버섯'the pricke mushroom이라고 불렀다. 이 버섯을 본 소로Thoreau는 『일기』에 이렇게 썼다.

"자연은 무슨 생각으로 이 버섯을 창조하였는지 기도로 물어보자. 자연은 스스로를 남의 눈을 피해 숨어서 볼일을 보는 사람 수준으로 떨어뜨렸다."

이 말뚝버섯이 우리 인간에게는 자극적이고 도전적으로 보일 뿐이지만, 날아다니는 여러 곤충에게는 거의 거부할 수 없는 매력을 지닌 유기체다. 썩어가는 고기와 비슷한 냄새에 이끌려 기본체 위에 내려앉았던 곤충은 이 버섯의 포자를 묻힌 채 떠나 새로운 장소로 운반해준다.

이 버섯이 여러 민담이나 전설에 영감을 준 것도 어찌 보면 당연하다. 미국 미주리주 오자크고원에서는 사춘기의 소녀들이 이 버섯이 무리 지어 있는 곳에서 옷을 벗고 춤을 추었다고 한다. 그렇게 하면 정력이 좋은 남자를 만날 수 있다고 믿었기 때문이다. 사라왁[74]의 이반족 사람들은 이 버섯을 전쟁터에서 죽은 적 전사의 음경이라고 믿고 멀찍이 피해 다녔다. 적의 전사들이 죽어서도 자신들에게 복수를 할까 두려웠던 탓이다. 아프리카의 몇몇 나라에서는 다산을 기원하며 이 버섯의 기본체를 여성들의 몸에

---

74) Sarawak: 말레이시아령 보르네오의 지명—옮긴이.

바른다. 말굽버섯이 웬만해서는 쓰러지거나 부러지지 않고 꼿꼿이 서 있다는 것을 감안한다면, 다소 과장된 듯한 이러한 믿음에도 어느 정도는 이유가 있는 것 같다. 360킬로그램이 넘는 힘으로 아스팔트를 밀어내며 자란 말뚝버섯 표본의 사례가 여러 건 보고된 바 있다.

마지막으로, 아이슬란드 레이캬비크Reykjavik의 한 공동묘지 무덤에서 자라는 말굽버섯을 보고 나의 아이슬란드 친구가 한 말을 덧붙여야 할 것 같다.

"이런, 이 사람은 행복하게 죽었군."

더 찾아보기: 민속균학, 말뚝버섯류

Phoenicoid Fungi 불사조 버섯

고대 페니키아나 요즈음의 피닉스와는 아무 상관이 없는 버섯이다. 다만 화재나 산불이 났던 장소와 관련이 있을 뿐이다. 'phoenicoid'는 '잿더미에서 다시 일어선' 정도의 의미인데, 처음에는 1980년 워싱턴주의 세인트헬레나산에서 화산이 분출한 후 그 자리에서 돋아난 버섯의 자실체를 가리키던 말이었다.

불사조 버섯은 화재가 발생해 땅의 온도가 갑자기 치솟으면서 토양의 화학적 성질이나 영양 성분이 바뀌고, 생존 경쟁을 벌이던 다른 종류의 버섯들이 죽어서 환경이 우호적으로 바뀌었을 때 급작스럽게 생겨난다. 화재나 산불이 휩쓸고 지나가면, 가장 먼저 존재를 드러내는 균종은 대개 보라주발버섯이나 게오픽시스 카르보나리아*Geopyxis carbonaria*를 비롯해 종명이 '카르보나리아'인 반균류다. 마찬가지로 반균류인 곰보버섯류 중에서 몇몇은 산불이 지나간 후 기하급수적으로 늘어나서 버섯을 채취하러 온 사람들조차 놀라게 만든다.

청담자기버섯속*Tephrocybe*과 눈물버섯속의 몇몇 버섯 역시 불이 났던 자리를 기질로 삼는다.

더 찾아보기: 반균류, 곰보버섯류

Poisonings 중독

독버섯이라고 해도 대부분은 장에서 문제를 일으킬 뿐이지만, 예외가 되는 독버섯도 더러 있다. 예를 들면, 광대버섯속의 알광대버섯과 긴독우산광대버섯은 먹은 사람을 죽게 만들 수 있다. 주름우단버섯*Paxillus involutus*은 적혈구를 파괴하고 신부전을 일으켜 사람의 생명을 빼앗을 수도 있다. 사실 독버섯 때문에 죽은 것으로 문서에 기록된 균학자는 1944년에 사망한 독일의 균학자 율리우스 셰퍼*Julius Schaeffer*가 유일하다. 이 사람이 먹었던 버섯이 바로 주름우단버섯이었다.

셰퍼처럼 버섯을 잘못 식별하는 것이 심각한 버섯 중독의 원인에서 대부분을 차지한다. 언론으로부터 주목을 받았던 최근 사례를 들자면, 2008년에 영화 「호스 위스퍼러」*The Horse Whisperer*의 원작자인 니콜라스 에반스Nicholas Evans가 녹슨끈적버섯Cortinarius rubellus을 꾀꼬리버섯으로 오인해 죽을 고비를 넘겼던 사건이 있다. 에반스는 신장을 이식받고서야 목숨을 건졌다. 녹슨끈적버섯도 꾀꼬리버섯도 연한 주황색이라, 에반스는 독버섯을 꾀꼬리버섯이라고 생각했던 것이다. 그는 색깔만 보고서 버섯을 구분할 수는 없다는 것을 몰랐다.

백파이프 이야기도 빼놓을 수 없다. 낫균속Fusarium 곰팡이의 포자는 백파이프를 좋아하기 때문에, 백파이프를 연주하다가 이 균의 포자를 들이마시고 병[75]에 걸린 연주자도 여럿이고, 그중 최소한 한 명은 사망했던 것으로 알려져 있다.

더 찾아보기: 버섯독, 알광대버섯

Polypores 구멍장이버섯류

담자균에 속하며 매우 많은 종류가 속해 있다. 생식면에 수많은 세공이 있어 구멍장이버섯 또는 다공균多孔菌이라고 부른다. 구멍장이버섯은 선반 까치발처럼 생긴 것, 줄무늬가 있는 것, 콩팥 모양,[76] 배착생 등으로 나뉜다.

소수를 제외하면 거의 모두가 나무를 기질로 삼으며, 방패버

---

75) 그리하여 병명도 '백파이프 폐병'bagpipe lung이다.
76) 대부분이 이런 모양이다.

섯속^{Albatrellus}, 겨우살이버섯속^{Coltricia}, 굴뚝버섯속^{Boletopsis} 등 균근이거나 균근으로 생각되는 몇몇이 예외다.

대부분의 구멍장이버섯은 죽은 나뭇가지와 통나무를 기질로 삼아 죽은 유기체를 재활용하는 셈이지만, 어떤 것들은 살아 있는 나무에서 일부 죽은 조직을 자양분으로 삼기도 한다. 건강한 나무 속에서 죽어 있는 심재 또는 적목질이 종종 구멍장이버섯의 기질이 된다. 이런 심재부후균은 나무의 구조적인 무결성에 부정적인 영향을 줄 수 있기 때문에 이들을 약한 기생균이라고 부르기도 한다. 심재부후균은 종종 나무의 변재나 백목질로 옮겨가기도 하는데, 여기서는 강한 기생균이 된다.

침엽수를 기질로 삼은 뿌리버섯^{Heterobasidion annosum}과 황갈색털대구멍버섯^{Onnia tomentosa} 같이 가장 강한 기생균은 나무의 뿌리를 통해 기주에 침투한 뒤 나무의 밑동부터 시작해 위로 가면서 서서히 썩게 만든다. 별로 아름답지 못한 이 과정을 '줄기밑동썩음병'이라고 부른다.

대부분의 구멍장이버섯은 일년생이지만, 기후가 변하면서 많은 종이 다년생으로 바뀌었다. 다년생 구멍장이버섯으로는 말굽버섯속^{Fomes}, 말굽잔나비버섯속^{Laricifomes}, 불로초속^{Ganoderma}의 몇몇 종이 있다. 잔나비불로초는 70년까지 살 수 있기 때문에 균계의 최고 장로라 불리기도 한다.

더 찾아보기: 말굽잔나비버섯, 아마두, 잔나비불로초, 기생균, 배착생

Potter, Beatrix 베아트릭스 포터

포터[1866~1943]는 균학뿐만 아니라 지질학, 곤충학, 고고학에도 관심을 가졌던 영국 여성. 지의류는 조류와 최소한 하나 이상의 균이 결합해 생긴 유기체라는 것을 가장 먼저 주장한 사람이 어쩌면 베아트릭스 포터였는지도 모른다. 포터는 버섯을 매우 섬세하고 아름다운 그림으로 남겼다. 버섯의 포자까지 아주 정밀하게 그려냈지만, "말뚝버섯은 도저히 못 그리겠다"고 털어놓았다.

베아트릭스 포터가
그린 피터 래빗.

포터는 여성이라는 이유로, 1897년 런던에서 열린 린네학회에서 「주름버섯과의 포자 발아」라는 제목의 논문을 직접 연단에 서서 발표할 수 없었다. 같은 이유로 중요한 균학 연구에도 참여할 수 없었기 때문에, 아동서에 들어갈 삽화로 짧은 바지를 입은 토끼, 오소리, 개구리 등을 귀여운 모습으로 그리면서 동시에 동화를 쓰기 시작했다. 그렇게 쓰고 그린 책 가운데 우리에게 가장 잘 알려진 것이 1901년에 출판된 『피터 래빗 이야기』다.

더 찾아보기: 메리 배닝

Prototaxites 프로토택사이트

4억 3,000만 년 전에서 3억 6,000만 년 전 사이에 번성했을 것으로 보이는, 키 8미터에 지름이 90센티미터에 이르는 거대 곰팡이. 화석 표본만 보면 잘린 통나무와 크게 다르지 않아 보인다. 지금까지 13점의 화석이 발견되었다.

처음에는 19세기 캐나다 과학자 존 도슨John Dawson에 의해 거대한 침엽수로 분류되었는데, 지금은(적어도 당분간은) 외자낭균아문 Taphrinomycotina으로 분류하고 있다. 오리나무혓바닥과 가까운 자낭균에 속한다고 볼 수 있다. 이러한 분류에 반대하는 사람들은 이 거대 버섯이 우산이끼, 지의류, 거대 조류 또는 비정상적으로 큰 관다발식물의 군락이었을 뿐이라고 주장한다. 이것이 무엇이었든, 이 종은 아주 인기 있는 먹이였기 때문에 이 거대 곰팡이를 좋아하는 동물들의 식성을 이기지 못하고 멸종한 것으로 보인다. 발견된 화석 중 여러 표본에서 이 곰팡이를 뜯어먹었을 여러 동물의 이빨 자국이 뚜렷하게 보인다.

이것이 정말 곰팡이라 해도, 프로토택사이트가 최초의 곰팡이 화석은 아니다. 그 영광의 주인공은 4억 4,000만 년 전에 번성했으며 모든 육지 유기체의 조상이었을 것으로 보이는 토르토투부스*Tortotubus*라는 종이다.

더 찾아보기: 오리나무혓바닥

Psilocybin 실로시빈

곰팡이에서 발견되는 가장 강력한 정신활성물질인 알칼로이드로서, 실로시빈은 환각버섯속에만 있는 것이 아니라 말똥버섯속, 포도버섯속*Stropharia*, 미치광이버섯속Gymnopilus에도 존재한다. 이 성분이 사람의 몸속에 들어가면, 대사작용을 거쳐 금방 실로신으로 바뀐다. 실로신은 뇌의 세로토닌 수용체를 교란시키는 알칼로이드로서 대개 '트립'[77]이라 부르는 환각 상태를 일으킨다. 알칼로이드는 사실 자극제로 작용하는 경우가 흔하다는 것을 미리 말해두어야 할 것 같다. 이런 사례로 카페인, 니코틴, 코카인 등을 더 들 수 있다.

2006년, 존스홉킨스대학의 정신약리학자 롤랜드 그리피스Roland Griffiths는 실로시빈을 섭취한 사람의 뇌 속에서 어떤 신비로운 작용이 일어나는지를 기술한 소논문을 발표했다. 이 논문은 존스홉킨스대학에서 실로시빈에 대한 많은 관심을 일으켰고, 이 대학 소속 연구자들은 현재 죽음을 목전에 둔 말기 환자들의 스트레

77) trip: 환각성 버섯이나 마약으로 인한 환각 상태를 여행으로 비유하여 부르는 말—옮긴이.

스를 줄여주려고 실로시빈 캡슐을 처방하고 있다. 이 처방을 받았던 환자들 중 70퍼센트가 평생토록 경험했던 최고의 영적 경험 다섯 가지 안에 실로시빈 캡슐을 꼽았다. 사실을 말하자면, 실로시빈 캡슐을 복용한 사람 중 상당수가 신을 만났다고 말했다. 즉 세로토닌 수용체만 교란시키면 절대적인 존재를 영접할 수 있다는 의미일 수도 있다. 존스홉킨스대학에서 진행 중인 실로시빈 연구에 대한 이야기는 마이클 폴란이 2018년에 출판한 책『마음을 바꾸는 방법』에서 찾아볼 수 있다.

실로시빈이 치료에 아무리 효과적이라 하더라도, 환각성 버섯은 미국에서 1급 마약으로 지정되어 있다. 따라서 LSD나 헤로인처럼 소지하거나 복용하는 것은 불법이다. 『Pedia A-Z: 버섯』의 출판이 진행되는 도중에, 미국 콜로라도주 덴버시는 환각성 버섯의 소지를 합법화했다.

더 찾아보기: 마법의 버섯

Psychrophiles 저온균

북극 같은 극저온 지대, 남극의 건조한 계곡, 고도가 높은 고산지대에서 생존할 뿐만 아니라 번성할 정도로 잘 적응한 균. 저온균 전문가 로버트 블란쳇^{Robert Blanchette}은 북극해에 떠다니는 나무와 남극 대륙에서 탐험가들이 머물던 오두막의 목재에서 발견한 여러 종류의 균을 기록했다. 또 하나의 저온 환경인 냉장고 내부는 털곰팡이속^{Mucor}과 누룩곰팡이속에게 충분한 영양분과 서식처를 제공한다.

많은 저온균이 냉장고보다 토양 속에 서식하는 곰팡이지만, 저온 환경에 서식하는 버섯도 적지 않다. 이 버섯들은 대개 크기가 작지만, 평균보다 큰 버섯도 많고 심지어는 기후 조건이 더 좋은 지역에서 서식하는 종보다 더 큰 몸집을 자랑하는 것들도 있다. 예를 들면, 그물버섯의 한 종류인 껄껄이그물버섯속에서 주름을 가진 버섯들의 크기는 온대기후 지역에서 자라는 종들의 두 배에 달한다. 이런 버섯들에게는 종종 생식에 관여하지 않는 주름이나 세공이 있는데, 이들은 마치 사람의 비옷처럼 버섯의 몸체를 찬 바람과 눈비로부터 보호해준다.

팽이버섯은 종종 온대 지역에서 겨울에 발견되는데, 이 버섯은 담자균에서 발견되는 주요 저장 탄수화물인 트레할로스를 만들어낸다. 트레할로스는 세포벽이 쉽게 얼지 않도록 해준다. 추위에 적응한 다른 종에서는 대개 높은 수준의 지방산과 결빙방지단백질이 발견된다.

기후변화 덕분에 저온균도 대부분 곧 멸종할 위기에 처해 있다.

Puck 퍽

야생 버섯으로 만든 파로 리조토^{farro risotto}를 비롯해 여러 가지 버섯 요리를 만들어낸 셰프 볼프강 퍽^{Wolfgang Puck}이 아니라 잉글

꼬마 요정 퍽이 버섯 위에 올라앉아 있고
벌거벗은 남녀 몇 쌍이 그를
권좌에 앉은 신처럼 우러르며 춤을 추고 있다.

랜드 민담에 등장하는 장난꾸러기 요정이다. 셰익스피어의 희곡 「한여름 밤의 꿈」에 꼬마 요정 퍽이 등장한다.

회화나 삽화, 특히 빅토리아 시대에 그려진 그림 속 퍽은 버섯 위에 올라앉은 모습으로 등장한다. 이는 잉글랜드 사람들이 버섯을 초자연적인 현상뿐만 아니라 기이하거나 불쾌한 현상과도 연결시키고 있었음을 의미하는 것 같다. 빅토리아 시대 작품 「한여름 밤의 꿈」에서 요정 퍽은 기계장치로 작동되는 버섯 위에 올라선다. 화가 리처드 대드$^{Richard\ Dadd,\ 1817\sim91}$가 그린 그림 속에서는 우중충한 초록색 얼굴을 한 퍽이 버섯 위에 올라앉아 있고, 벌거벗은 남녀 몇 쌍이 마치 그를 권좌에 앉은 신처럼 우러르며 춤을 추고 있다.

옛날 잉글랜드 사람들은 퍽이 원래 아일랜드에서 비롯되었다고 주장했다. 하긴, 아일랜드 사람들에 비하면 잉글랜드 사람들의 장난기는 장난으로 쳐줄 수도 없다. 믿거나 말거나.

더 찾아보기: 민속균학, 요정의 고리

Puffballs 복균류

담자균처럼 포자를 밖에서 만들지 않고 제 몸 안에서 만들기 때문에 복균류^{腹菌類}라고 부른다. 대부분의 복균류는 균근이다.

복균류의 외피를 자각^{子殼}이라고 한다. 빗방울이 자각에 떨어지면 뽀얀 구름을 일으키며 포자를 방출한다. 그래서 초기의 분

마른방귀버섯은 방귀를 뀌지 않는다.

류학자들은 이 구름을 '방귀'라고 생각해서 라틴어 속명을 리코페르돈*Lycoperdon*이라고 지었다. 리코페르돈은 '늑대 방귀'라는 뜻이다. 찹쌀떡버섯속의 속명 보비스타*Bovista*는 '황소 방귀'라는 뜻이다. 방귀를 뀌지 않는 버섯으로는 연지버섯*Calostoma cinnabarina*, 어리알버섯류*Scleroderma* spp.와 툴로스토마류*Tulostoma* spp., 먼지버섯류*Astraeus* spp., 방귀버섯류*Geastrum* spp. 등이 있다.

포자에 대해 말하자면, 댕구알버섯*Calvatia gigantea*은 한살이 동안 수백만, 수십억이 아니라 수조 개의 포자를 만들어 퍼뜨린다. 이 포자들이 모두 댕구알버섯이 된다면, 지구 표면을 댕구알버섯으로만 수십 미터 두께로 덮을 수 있을 것이다.

세계의 거의 모든 민간요법에서 복균류를 지혈제로 쓴다. 복균류 세포벽의 성분인 키토산이 혈세포와 결합하여 젤리와 비슷한 혈전을 만들면서 출혈을 멈추게 한다. 그러나 이때 쓰는 복균류는 포자를 형성할 수 있을 만큼 성숙한 것이어야 한다. 버섯이 무르익지 않아 단단하면 지혈 효과가 없다. 식용 복균류는 약으로는 쓸모가 없다는 뜻이다.

Pyrenomycetes 핵균류

나무에서 사는 자낭균이며 포자로 가득 찬 자낭은 자낭과라고 하는 깔때기 모양의 작은 구조물 안에 들어 있다. 대부분의 자낭과는 자좌라는 조직 안에 파묻혀 있지만, 공구라는 작지만 눈에 잘 띄는 구멍 때문에 쉽게 알아볼 수 있다. 이 공구孔口를 통해 포자가 방출된다.

많은 핵균이 마치 불에 탄 나무처럼 보이는 거무스름한 탄소질 구조물을 갖고 있어서 실제로도 타다 남은 나뭇조각으로 오인되기도 한다. 핵균은 이 구조물 속의 멜라닌을 자외선 차단제처럼 이용하기 때문에, 가뭄에 대한 저항성이 크다. 그러나 일부 종은 태생적으로 일년생이다. 다른 핵균들은 검은색으로만 국한되지 않는다. 예를 들면, 콩두건버섯*Leotia lubrica*을 공격하는 히포미세스 레오티이콜라*Hypomyces leotiicola*는 초록색이지만, 히포크레아 술푸레아*Hypocrea sulphurea*는 밝은 노란색이다.

핵균은 온대 지역보다는 열대·아열대 지역에 훨씬 많이 분포한다. 예를 들어, 버뮤다 지역에서는 사람들이 가장 자주 마주치는 것이 바로 핵균류다.

핵균에는 콩꼬투리버섯속, 콩버섯속, 꼬리버섯속*Diatrype*, 점버섯속*Hypocrea*, 균기생균속, 팥버섯속*Hypoxylon*, 기둥껍질버섯속*Camarops*, 고약방석버섯속*Kretzschmaria* 등이 있다. 그러나 균학자들 중에서는 다형콩꼬투리버섯(시체손가락버섯)과 그 친척인 콩꼬투리버섯과만을 진정한 핵균이라고 생각하는 사람들도 있다.

더 찾아보기: 밤나무줄기마름병, 콩버섯류, 다형콩꼬투리버섯

R

일본어로는 레이시, 중국어로는 링지라고 하지만
한자로는 모두 '영지'(靈芝)라 쓰는 이 버섯은 이름처럼
'성스러운 버섯'이라는 뜻을 가지고 있다.

Red List 적색 목록

멸종 위기에 처한 지구상의 생명체들을 가장 완벽하게 정리한 목록을 간단하게 줄여 부르는 이름. 이 목록의 정식 이름은 세계 자연보전연맹 위기종 적색 목록IUCN Red List of Threatened Species이다. IUCN은 International Union for Conservation of Nature의 두문 자 조합이다.

멸종 위기 균종은 식물이나 동물의 경우와 똑같은 정도로 면밀하게 조사된 적도 없으려니와 아마 앞으로도 없을 것이다. 균의 변덕스러운 생식 행태를 고려한다면 이해할 수 있는 일이다. 대략 1만 1,000종의 조류와 5,500종의 포유류가 IUCN 적색 목록에 올라 있다. 그러나 지금까지 이 리스트에 오른 균은 고작 25종에 불과하다. 그렇지만 대부분의 유럽 국가들은 오염, 서식지 파괴, 중금속, 인공 비료, 산성비, 기후변화 등에 의해 위기종이 된 균의 적색 목록을 만들고 있다.

노르웨이의 오염되지 않은 지역에서는 다른 환경은 비슷하지만 황과 질소에 의해 오염된 독일의 한 지역에 비해 두 배에 가까운 수의 균이 서식하고 있다. 사실 독일에 서식하는 균의 35퍼센트가 적색 목록에 올라 있다. 덴마크에서 관리하는 적색 목록에는 900종, 폴란드에서는 800종 그리고 불가리아에서는 215종이 올라 있다. 이런 종들은 법에 의해 보호받으며 보호종 균을 채취하는 사람에게는 벌금이 부과된다.

균의 보호라는 측면에서는 북아메리카 대륙이 유럽에 한참 뒤처져 있다. 사실 '북아메리카의 균 적색 목록'을 구글에서 검색해보면 하나도 나오는 게 없을 것이다. 최근에 필드 자연사박물관의 균학자 그레고리 뮤엘러Gregory Mueller는 모하메드 빈 자이드 종 보존기금Mohamed bin Zayed Species Conservation Fund의 지원을 받아 북아메리카 적색 목록 프로젝트를 시작함으로써 이러한 상황을 타개해보려고 노력하고 있다.

모든 적색 목록은 사실상 생태에 대한 우려의 표명이다.

Reishi (*Ganoderma lucidum*) 영지버섯

불로초속의 구멍장이버섯인 영지버섯은 아시아에서 수천 년 동안 민간의학에 쓰여왔다. 일본어로는 레이시, 중국어로는 링지라고 하지만 한자로는 모두 '영지'靈芝라 쓰는 이 버섯은 이름처럼 '성스러운 버섯'이라는 뜻을 가지고 있다. 이 버섯을 차로 우려 마시면 수명이 연장된다는 이야기가 있다. 북아메리카의 건강식품점에서는 종종 침엽수불로초*Ganoderma tsugae*를 영지버섯이라고 파는 경우가 있는데, 침엽수불로초는 불로초속에 속하는 것은 맞지만 영지버섯과는 다른 종이다. 침엽수불로초의 학명은 *Ganoderma tsugae*, 영지버섯의 학명은 *Ganoderma lucidum*이다. 침엽수불로초는 침엽수에서 자라지만 영지버섯은 낙엽성 교목에서 자란다.

아시아의 민간의학에서는 영지버섯으로 만든 차로 고혈압, 천식, 성기능 부전, 위궤양, 두근거림, 식욕 부진, 불면증, 코피, 변비 등 수많은 증상을 다스렸다. 의학적인 용도는 아니지만 그에 못지않게 중요한 용도가 귀신이 집에 들어오지 못하도록 막는 것이었다. 영지버섯을 문설주에 걸어두면 액운을 부르는 귀신이 집에 들어오는 것을 막을 수 있다고 믿었다.

로버트 로저스Robert Rogers의 『균 약학』The Fungal Pharmacy에 따르면, 중국과 베트남의 돼지 도둑들이 '돼지들이 꽥꽥거리며 저항하는 것을 막기 위해' 일종의 진정제로 영지버섯을 먹였다고 한다.

더 찾아보기: 약용 버섯

Resupinate 배착생

'얼굴은 위를 향한 채 아래로 구부리다'라는 뜻의 라틴어 resupinus에서 온 말이다. 배착생균은 수평으로 자리하고 있는 기질에 아주 납작하게 달라붙을 정도로 심하게 구부러져 있지는 않다. 통나무 아래에서, 특히 포자생성면을 아래로 하고 있는 배착생균을 발견할 수 있다. 꽃무늬애버섯Resupinatus applicatus, 케이모노필룸 칸디디시뭄Cheimonophyllum candidissimum 같은 주름버섯뿐만 아니라 대부분의 구멍장이버섯과 껍질버섯이 배착생에 속한다.

겨울나기에 적합한 대비책을 갖고 있지 않은 다른 균들과는 달리, 대부분의 배착생균은 통나무를 이불 삼아 추운 겨울 날씨에도 잘 견딘다. 또한 다른 균들은 바람에 포자를 날려 보내는 경우가 흔하지만, 통나무 아래 모여 사는 배착생균은 여러 곤충과 절지동물을 포자 운반책으로 활용한다.

버섯의 균사체는 종종 실수를 저지른다. 갓과 기둥 그리고 살집까지 있어서 웬만하면 통나무 위에서 자랐을 버섯이 통나무 아래에서 마치 배착생인 것처럼 벌어진 채 자라고 있는 것을 발견할 수 있다. 애주름버섯속의 버섯들은 특히나 이런 실수를 자주 저지른다.

Ristich, Sam 샘 리스티치

미국 북부 지방의 버섯 애호가들 사이에서 리스티치[1915~2008]는 '지도자'로 불린다. 균에 대한 지식과 경험에 관한 한 가장 강력한 영향력을 가진 사람으로 평가되기 때문이다. 15년 동안 균학을 가르친 뉴욕 식물원뿐만 아니라 야생의 현상에서도 폭발적인 열정과 재담꾼다운 유머와 해학을 보여준다. 예를 들어 아주 흥미롭거나 보기 드문 버섯을 발견하면, 그는 "자연은 아름다운 어머니가 아니야!"라고 주장한다. 그런 버섯은 '경이로운' 존재라고 말한다. 코넬대학에서 곤충학 박사 학위를 받았기 때문에, 특정한 곤충에 대해서도 '경이로운' 존재라고 말할지도 모른다.

리스티치는 자기 방식대로, 자기 생각에 따라, 하고 싶은 걸 하며 사는 사람이었다. 메인주 사우스야머스에 있는 그의 집 냉장고 안에는 먹을 것보다 동물(말코손바닥사슴, 사슴, 호저 등)의 똥이 더 많이 들어 있었다. 친구나 지인들과도 이메일로 소통하지 않고,[78] 포자문을 프린트한 엽서에 하고 싶은 말을 적어 우편으로 보냈다. 그는 포자문을 예술로 생각했고, 실제로 죽기 직전에 메인주의 한 갤러리에서 포자문 전시회를 하기도 했다.

광대버섯속의 버섯 중에 리스티치를 기리는 뜻으로 리스티치이*Amanita ristichii*라는 종명이 부여된 버섯이 있다. 그가 저술한 유일한 책 『샘의 코너: 버섯 전문가의 공개일기』*Sam's Corner: The Public Journal of a Mushroom Guru*는 메인주 균학협회 소식지에 기고했던 칼럼들을 모아 묶은 책이다.

더 찾아보기: 포자문

Russula 무당버섯속

로드니 데인저필드[79]처럼 무당버섯속의 버섯들도 푸대접받기 일쑤다. 정확한 이름보다는 '그냥 무당버섯 종류'로 넘어가버리는 일이 수두룩하다. 무당버섯속이 이렇게 무시당하는 데에는 몇 가지 이유가 있다. 이 버섯을 잘 양념해서 요리해 먹는 러시아 사람들을 제외하면 무당버섯은 대개 식재료로서 별로 가치가 없다.

---

78) 그는 아예 컴퓨터가 없었다.
79) Rodney Dangerfield: 미국의 스탠드업 코미디언 겸 배우다. "나는 항상 푸대접이야!"라는 설정으로 유명하다—옮긴이.

버섯을 채취하는 사람들에게도 늘 다른 버섯을 찾고 있을 때 쓸데없이 눈에 띄기 다반사다. 게다가 어떤 때는 다른 버섯과 헷갈리기까지 한다. 이 버섯의 속명이 라틴어로 '붉다'는 의미가 있기는 하지만, 사실 무당버섯속은 붉은색만 있는 게 아니라 초록색, 노란색, 흰색, 회색, 갈색도 있다.

무당버섯속은 종종 '퍼석퍼석한 주름버섯'이라고도 불리는데, 이 버섯을 나무 기둥에 던지거나 심지어는 조금만 거칠게 다루어도 박살이 나기 때문이다. 이 버섯에 '구상포'라고 알려진 퉁퉁하게 부풀어오른 세포가 있는 탓이다. 구상포가 없는 다른 버섯들은 대부분 단단한 곳을 향해 던지거나 거칠게 다루어도 몇 조각으로 부서질 뿐 완전히 산산조각나지는 않는다.

이 버섯과 다른 버섯이 헷갈려 바싹 약이 올랐을 때 이 버섯을 나무 기둥이나 바위에 패대기치면 분이 좀 풀릴지도 모른다. 실제로 무당버섯은 다른 버섯과 헷갈리기 쉽다. 예를 들어 참무당버섯$^{Russula\ atropurpurea}$의 갓은 탐스러운 보라색이다. 밀짚색무당버섯$^{Russula\ laurocerasi}$은 마지팬[80]이나 아몬드와 헷갈릴 만한 냄새가 난다. 또 파푸아뉴기니에서 서식하는, 정신활성물질을 함유한 루술라 아글루티나$^{Russula\ agglutina}$는 쿠마^{Kuma} 사람들이 '버섯광증'이라

---

80) marzipan: 으깬 아몬드나 아몬드 반죽, 설탕, 달걀 흰자로 만든 말랑말랑한 과자. 다양한 페이스트리와 사탕의 속재료로 사용된다. 독일식과 프랑스식 두 가지 조리법이 있다—옮긴이.

부르는 증상을 일으킨다.

Rust (Pucciniales) 녹병균류

'녹병균'綠病菌의 '녹'을 쇠붙이 표면에 생기는 산화철 막과 혼동하지 마시기를! 녹병균은 식물, 특히 작물에 기생하는 균이다. 녹균목Pucciniales에는 7,000종가량의 균이 속해 있다.

녹병균은 담자균이지만, 대부분의 담자균과는 달리 한 번의 유성생식 단계와 두 번의 무성생식 단계를 거친다. 단계가 달라질 때마다 생김새도 달리 보이고, 기주도 옮겨 다닌다.

가장 잘 알려진 예가 연필향나무녹병균Gymnosporangium juniperi-virginianae인데, 이 균은 주로 연필향나무에 젤리 같은 혹을 만들고, 돌능금이나 사과나무로 기주를 갈아탄다. 또 다른 예는 잣나무털녹병균Cronartium ribicola으로, 소나무의 바늘잎을 먼저 감염시킨 후 소나무의 껍질을 공격한다. 이 균은 까치밥나무나 서양까치밥나무를 대체기주로 삼는 경향이 있기 때문에, 미국의 몇몇 주에서는 까치밥나무Ribes sp.를 주 경계 안으로 들여오거나 기르는 것이 불법이다.

녹병균은 종종 꽃꿀과 비슷한 달짝지근한 액체를 분비해서 꿀벌과 곤충이 모여들게 하고, 결국은 자신의 포자를 퍼뜨리게 만든다. 다른 담자균과 비슷하게 녹병균도 포자를 퍼뜨리는 데 바람을 이용한다. 심지어 아프리카의 사하라 지역에서 바람을 타기 시작한 커피나무녹병균*Hemileia vastatrix*이 대서양을 건너 중앙아메리카에 도착해서 그곳의 커피 농장을 완전히 황폐화시키고 있을 정도다.

s

파리 외곽에서 버섯을 딴 쇼베르트는
한 레스토랑에 가서 셰프에게 그 버섯을 요리해달라고 했다.
셰프는 독버섯이라며 단칼에 거절했다.

Sabina, Maria 마리아 사비나

멕시코 오악사카주, 마자텍족의 쿠란데라[81]인 마리아 사비나 1894~1985는 환각버섯류를 의식에 사용했다. 이 버섯을 '신의 아이들'이라 불렀으며, 일설에 의하면 이 버섯과 내밀하게 소통까지 했다고 한다. 자신을 찾아온 손님에게 이 버섯을 먹되 음양의 조화를 맞추기 위해 남녀가 한 쌍으로 먹을 것을 요구했다. 다른 마자텍 사람들은 똑같은 버섯을 '작은 새들'los pajaritos이라고 불렀다.

1955년 여름에 미국의 민속균학자 고든 와슨이 마리아 사비나를 찾아와 그녀가 대접한 버섯(실로시베 멕시카나Psilocybe mexicana)을 먹었고, 1957년에는 『라이프』 잡지에 17페이지에 걸쳐서 「마법의 버섯을 찾아서」라는 기사를 기고했다. 이 기사를 읽고 자극받은 숱한 사람들이 마리아 사비나의 집을 찾았다. 믹 재거Mick Jagger, 존 레논John Lennon, 키스 리차드Keith Richards, 밥 딜런Bob Dylan 같은 록스타들도 그녀를 방문했던 것으로 보인다. 스위스의 과학자이자 LSD 개발자 알베르트 호프만Albert Hofmann은 1962년에 다른 사람들보다는 훨씬 과학적인 호기심을 가지고 고든 와슨과 함께 그녀를 방문했다.

마리아 사비나가 '백인 남자들의 방문' 때문에 자신의 아이들이 성스러움을 잃었다고 느꼈다면, 그게 과연 이상한 일일까?

81) 샤먼 또는 치료사.

더 찾아보기: 민속균학, 마법의 버섯, 테오나나카틀, 고든 와슨

Santa Claus 산타클로스

모르는 사람이 없는 크리스마스 선물 배달부 산타클로스가 먹던 음식 속에 어쩌면 광대버섯이 들어 있었는지도 모른다. 말도 안 되는 듯이 보이는 이런 음모론에도 그럴듯한 배경이 있다.

라플란드 지역에서는 샤먼이 고객을 방문할 때 순록이 끄는 썰매를 타고 다니는데, 그 지역에서는 집 앞에 눈이 사람 키만큼 쌓이는 날이 적지 않다. 그러면 샤먼은 문을 통해 고객의 집 안으로 들어가기를 포기하고 굴뚝을 타고 들어가곤 했다. 고객을 방문하기 전에, 샤먼은 광대버섯을 몇 개씩 먹었다. 사아미족의 민담에, 어떤 샤먼이 광대버섯을 너무 많이 먹어서 결국에는 광대버섯처럼 변했다는 이야기가 있다. 즉 얼굴이 통통해지고 피부는 빨갛게 변하면서 하얀 반점이 생겼다는 것이다.

아마 그때의 샤먼들은 요즈음의 산타클로스처럼 애플 워치나 맥북 같은 선물이 아니라 민간요법이나 개인적인 충고 따위를 남기고 떠났을 것이다. 더 자세히 말하자면, 광대버섯을 먹은 사람은 자신이 날고 있는 듯한 기분을 느끼는 경우가 많다. 순록도 광대버섯을 좋아하는데, 이 버섯을 먹은 순록도 마치 자기가 날고 있는 듯 느꼈을 것이다. 한마디 더 덧붙이자면, 순록은 광대버섯을 정말 좋아한다. 그래서 지금도 사아미족의 순록 목동들은 자

신이 원하는 길로 순록을 끌고 가기 위해서 그 길에 광대버섯의 흔적을 일부러 만들어놓기도 한다.

이런 디테일에서 산타클로스를 딱 떠올릴 수 없다 해도, 적어도 순록 썰매를 타고 다니는 누군가가 떠오를 것이다.

더 찾아보기: 광대버섯

Saprophytes 부생균

'썩은'이라는 의미의 그리스어 'sapros'에서 온 말이다. 부생균[82]은 낙엽, 쓰레기, 나무 밑동이나 잘린 통나무, 동물의 사체 그리고 다른 균의 생체분자를 분해한다. 즉 다쳤거나 죽어가고 있거나 이미 죽은 유기체를 분해한다는 뜻이다. 나뭇가지를 잃은 지 얼마 되지 않은 나무는 부생균에게 아주 좋은 보금자리가 된다. 잔디밭 토양 속의 폐기물들도 주름버섯류*Agaricus* spp.와 대추씨말똥버섯을 부른다. 균근균은 아주 온순한 부생균으로 볼 수 있다.

균은 인간 중심의 용어 설정에 종종 훼방을 놓는다. 유전자 조작 식물이나 관상용으로 재배하느라 인공적인 힘을 가한 식물들은 병든 식물이나 부상당한 식물이므로 이런 식물들을 공격하는 균종을 기생균이 아닌 부생균으로 설명하는 경우가 있다. 가정용 관상수를 공격하는 녹슨버짐버섯을 대개 기생균으로 분류하는

---

82) 균학 용어로는 saprobes다.

것이 바로 이러한 예다. 반면에 심재와 나무의 죽은 목질을 분해하는 수많은 분해자는 그 나무의 구조적인 무결성에 부정적인 영향을 주므로, 이들이야말로 부생균이 아니라 기생균이라고 보아야 한다. 구멍장이버섯인 대합송편버섯*Trametes gibbosa*은 기생균으로도 부생균으로도 불릴 수 있다. 너도밤나무 목재나 몸뚱이가 잘려나가고 남은 밑동에서 자랄 경우에는 부생균이지만, 같은 구멍장이버섯인 줄버섯*Bjerkandera adusta*의 균사체에 기생할 때는 기생균이기 때문이다.

더 찾아보기: 대추씨말똥버섯, 기생균, 구멍장이버섯류

Schobert, Johann 요한 쇼베르트

훨씬 더 유명하고 훨씬 더 재능 있는 작곡가였던 오스트리아의 프란츠 슈베르트와 헷갈려서는 절대로 안 된다. 쇼베르트[1735~67?]가 오늘날 유명해진 이유는 그의 음악적 재능 때문이 아니라 죽음의 이유 때문이다.

젊은 볼프강 모차르트는 쇼베르트의 음악에 감탄했지만 모차르트의 말에 의하면 모차르트의 아버지 레오폴트는, 작곡가로서 그의 재능이 '형편없다'고 생각했다. 그러나 그의 음악적 재능과는 상관없이 버섯을 구별하는 능력은 최악이었다. 파리 외곽의 르 프레 생제르베에서 버섯을 한 바구니 딴 그는 한 레스토랑에 가서 셰프에게 그 버섯을 요리해달라고 요구했다. 셰프는 독버섯이라며 단칼에 거절했다. 그러나 쇼베르트는 화를 버럭 내며 자리를 박차고 나갔다. 또 다른 레스토랑에 가서 같은 요구를 했지만, 셰프의 대답은 똑같았다. 그러자 쇼베르트는 버섯을 집으로 들고 가 직접 요리를 해 먹었다. 아마도 그 버섯은 알광대버섯이었던 것 같다. 쇼베르트의 버섯 요리를 먹은 본인과 부인은 물론, 자녀들 중에서도 한 사람만 남겨놓고 모두 죽었다.

Sclerotium 균핵

땅속에는 살짝 주름이 있고 대략 동그란 공 모양인 양분 저장체가 있다. 대개 구멍장이버섯인 부모 버섯이 생장 조건이 나쁠 때를 대비해 양분을 저장해둔 것이다.

균핵을 만드는 버섯 중에서 가장 잘 알려진 복령*Wolfiporia cocos*도 구멍장이버섯의 일종으로, 코코넛 모양의 균핵을 만든다. 미국 남동부 원주민들은 이 균핵을 투카호tuckahoe라고 부르며, 이 버섯의 본래 용도, 즉 비상식량으로 이용한다. 미국에서 남북전쟁이 일어나기 직전과 전쟁 중에 남부를 탈출하려는 노예들이 투카호를 생존을 위한 식량으로 이용했다. 학명이 *Wolfiporia extensa*인 복령은 지금도 중국에서 비장을 건강하게 하는 약재로 쓰인다.

구멍장이버섯*Polyporus tuberaster*도 균핵을 만드는데, 이 균핵은 어린것을 완전히 조리해야만 먹을 수 있다. 북유럽에서는 이 균핵을 스라소니나 늑대가 영역 표시로 남긴 오줌이 젤리처럼 엉킨 것이라 믿어서 절대로 먹을 수 없는 것으로 여겼다.

땅속에 균핵을 만드는 다른 버섯으로는 저령과 뇌환*Laccoce-phalum mylittae*이 있다. 뇌환은 오스트레일리아 원주민들이 좋아하는 음식이라 해서 한때 '흑인들의 빵'*'blackfellows' bread*이라고 불렸다. 왕덩이느타리버섯*Pleurotus tuber-regium*의 균핵은 지금도 나이지리아의 일부 지역에서 바디 페인팅의 재료로 쓰인다.

Sequencing 시퀀싱

현대 균학의 제왕이며 학문의 전당에서는 거의 숭배의 대상이 되고 있다. 시퀀싱으로 표본의 정체를 확인하거나 새로운 이름을 지어주려면 우선 균의 조직에서 떼어낸 작은 조각에서 유전자 정보를 추출한다. 이 정보는 균의 동정뿐만 아니라 그 표본과 다른 균과의 사이에 어떤 진화론적 관계가 있는지도 파악하게 해준다. 따라서 이제는 물리적 특징을 기반으로 균을 동정할 필요가 없다.

분자 수준에서 균을 연구하는 것은 무엇보다도 명명법을 안정화시키기 위한 시도다. 그러나 이러한 시도에도 부작용이 있는 것 같다. 다른 부분보다도 특히 속명이 거의 따라갈 수 없는 속도로 폐기되거나 변경되고 있다. 이 문제를 두고 균학자 게리 린코프는 이렇게 토로했다.

"내가 아는 균의 학명이 매년 줄어들고 있다. 조기 발병 치매에 걸린 것 같은 기분이다."

반대로 긍정적인 효과도 있다. 시퀀싱 덕분에 주목할 만한 발견이 이루어지기도 하는데, 은진균문^{Cryptomycota}이라는 원시균의 문$^{[11]}$이 새롭게 발견되었고, 주름버섯의 일종인 잣버섯속^{Lentinus}은 주름버섯보다는 구멍장이버섯에 가깝다는 사실도 판별되었다. 이와 마찬가지로, 역시 주름이 있는 버섯인 우단버섯속^{Paxillus}과 은행잎버섯속^{Tapinella}은 그물버섯에 가까운 것으로 밝혀졌다.

현재 DNA 시퀀싱으로 동정된 3만 5,000종의 균이 공공 데이터베이스에 공개되어 있다.

Sex 유성생식

자기 복제로 번식하는 특정한 효모균과 몇몇 내생균근을 제외하면 사실 거의 모든 균에게 의무처럼 지워진 활동이다.

대부분의 균 포자는 이체성이어서 짝이 맞는 포자와 만나야 번식이 가능하다. 포자들의 짝짓기에도 인간의 연애처럼 페로몬이 개입한다. 우리가 멀리 떨어진 곳에서도 부지불식간에 자신의 짝이 될 만한 사람을 알아보듯이, 포자도 자신과 짝이 맞을 염색체의 반수체 집합을 가진 상대를 감지하면 지체 없이 그 방향으로 달려간다. 서로 만난 두 포자는 전희 같은 것에는 관심도 없다. 균사가 되기 위해 발아한 두 포자는 즉시, 인간으로 말하면 성행위에 돌입한다. 두 포자가 융합해서 각자의 유전 정보를 내놓고 서로 결합시켜 균사체가 되는 것이다.

균사가 되기 위해 발아한 두 포자가 융합해서 균사체가 된다.

포자를 인간 세계의 남녀로 비유해보자. 인간과는 달리 포자는 술집에 들어가도 대개 혼자 나온다. 두 개의 포자가 서로 만날 확률은 매우 희박하기 때문이다. 이것이 바로 균이 다량의 포자를 만들어내는 이유 가운데 하나다. 또 하나의 이유는 포자가 기질로 삼을 만한 것이 전혀 없는 엉뚱한 장소에 떨어져서 결국은 짝이 될 포자를 만나지 못하고 끝나는 경우가 대부분이기 때문이다.

포자의 교배형을 젠더라고 부르기도 한다. 생존을 보장하기 위해, 대부분의 균은 다양한 젠더를 갖고 있다. 이 부문의 챔피언을 꼽자면 단연 치마버섯*Schizophyllum commune*일 것이다. 치마버섯의 교배형은 자그마치 2만 8,000가지나 된다!

더 찾아보기: 치마버섯, 포자

Shiitake (*Lentinula edodes*) 표고버섯

표고버섯은 황갈색 담자균으로 아시아의 특정 야생 지역에서 자란다. 그러나 야적장에 쌓인 통나무나 아시아를 벗어난 세계 곳곳의 버섯 재배 시설에서도 볼 수 있을 정도로 비교적 재배가 쉬운 버섯이다. 참나무 또는 서어나무에 구멍을 뚫고 표고버섯 균사가 묻은 나뭇조각을 그 구멍에 끼우면 된다. 1년이 지나기 전에 나무에서 표고버섯을 수확할 수 있다.[83]

표고버섯은 맛도 좋지만 의학적인 효능도 뛰어난 것으로 알려져 있다. 표고버섯에서 추출할 수 있는 렌티난[84]은 암, 심장 질환, 당뇨, 고혈압 등에 효과가 있다. 렌티난 때문이든 다른 신비로운 성분 때문이든 표고버섯은 젊음과 활력도 증진시키는 것으로 알려져 있다.

반면에 표고버섯피부염이라는 알레르기 반응을 겪는 사람도 있다. 피부에 채찍 자국 모양의 색소침착 병변이 나타나며 렌티난의 독성 반응이 원인이다. 자가면역질환을 가진 사람도 표고버섯을 섭취한 후 복통, 관절통 등을 겪을 수 있다.

더 찾아보기: 약용 버섯

Slime Molds 점균류

변형균류라고도 알려져 있는, 원생동물 또는 단세포 유기체와

---

83) 우리나라에서는 버섯을 키울 배지에 균사를 접종한 후 2~4주 정도면 수확이 가능하고, 균사를 접종하기 시작한 배지는 5~6년 정도 표고버섯을 수확할 수 있다―옮긴이.

84) lentinan: 면역체계를 활성화하는 강력한 항암물질로 알려져 있다―옮긴이.

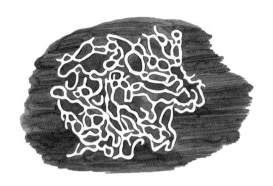

그물점균

비슷한 점균류는 균과 혼동하기 쉽기 때문에 『Pedia A-Z: 버섯』
에 포함하기로 했다.

균과는 달리, 점균은 먹이를 찾아 기어다닌다. 점균의 먹이는
주로 박테리아, 단세포동물 또는 기타 미생물이다. 시간당 1밀리
미터라는 그다지 민첩하지 못한 속도로 이동한다. 이 단계를 변
형체 단계라고 하는데, 균학자 브라이스 켄드릭Bryce Kendrick에 따
르면 이 단계의 점균류는 애완용으로도 길러볼 만하다고 한다.
그는 점균류의 일반적인 먹이인 박테리아 대신 납작귀리를 먹여
서 길렀다. 점균을 애완용으로 기른다면 배변 훈련을 시킬 필요
도 없고 공을 던지며 놀아줄 필요도 없기는 하겠다.

그다음 단계는 포자낭 단계로, 이 단계에서는 이동성을 잃는다.

이때는 버섯의 자실체에 해당하는 형태로 변해서 포자를 만들기 시작한다. 위의 두 단계에서 점균의 모습은 서로 너무나 다르기 때문에, 균학자 게리 린코프는 점균을 '지킬 박사와 하이드 씨'라고 불렀다.

이동성이 있을 때의 점균은 먹이 공급원 사이에서 가장 효율적인 경로를 찾아 움직인다. 그래서 도시의 도로망을 설계할 때 점균을 이용하기도 한다. 예를 들면 황색망사점균$^{Physarum\ polycephalum}$은 도쿄의 철도 시스템을 축소 모델로 재현하는 데 이용된 적이 있다.

1958년에 제작된 공상과학 영화 「블롭」$^{The\ Blob}$도 점균의 생태를 바탕으로 만들어진 것 같다. 이 영화를 보면, 외계에서 온 '블롭'이 박테리아를 먹어치우는 점균처럼 지구인들을 먹어버리는 장면이 있다.

Sloths 나무늘보

다양한 곤충들에게 풍요로운 기질을 제공하는 털을 지닌 수목 포유류[85] 중 하나. 특히 열대 지역에 서식하는 나무늘보는 균에게 매우 풍요로운 기질을 제공한다. 나무늘보의 털에는 미세한 홈이 나 있어 마치 균을 수경 재배로 기르는 것과 비슷한 환경이 된

85) 나무에서 사는 포유류─옮긴이.

나무늘보의 털에는 미세한 홈이 나 있어
마치 균을 수경재배로 기르는 것과 비슷한 환경이 된다.

다. 스미스소니언 열대연구소의 사라 히긴보텀Sarah Higginbotham은
파나마 소베라니아 국립공원에 사는 세발가락나무늘보가 개체당
평균 84종류의 균을 가지고 있음을 밝혀냈다. 이 균들 중 일부는
의심할 바 없이 악성 박테리아, 말라리아, 샤가스병Chagas disease 등
으로부터 기주를 보호해주는 역할을 한다. 샤가스병은 열대 지역
에서 발생하는 염증성 기생충 질환일 뿐, 차가버섯Chaga 차를 많이
마셔서 생기는 병은 아니다.

　이렇게 놓고 보면, 나무늘보도 사람처럼 균을 의료적 차원에서

이용한다고 볼 수도 있겠다.

Smell 냄새

균의 크기나 모양이 셀 수 없이 다양하듯이, 냄새 역시 매우 다양하다. 말뚝버섯은 썩은 고기에서 나는 냄새와 비슷한 악취로 곤충을 끌어들인다. 물론 이 곤충들은 말뚝버섯의 포자를 멀리멀리 퍼뜨리는 배달부가 된다. 또 어떤 버섯들은 자기를 먹으려 드는 인간에게 냄새로 경고한다.

"날 먹었다가는 후회하게 될 거야!"

반면에 다른 버섯들의 냄새는 균사의 활동이 불러오는 부산물에 불과하다.

몇 가지 버섯의 냄새를 예로 들어보자. 젖버섯속의 락타리우스 히바르디에*Lactarius hibbardiae*는 코코넛 냄새가 나고, 땀버섯속의 몇몇 종은 정액 냄새가 난다. 끈적버섯속*Cortinarius*의 코르티나리우스 불피누스*Cortinarius vulpinus*는 발정난 암퇘지의 냄새를 풍긴다. 송편버섯*Trametes suaveolens*과 팔각씨앗구멍장이버섯에서는 아니스[86] 냄새가 난다. 꾀꼬리버섯에서는 복숭아 또는 살구 냄새가 나고, 애광대버섯*Amanita citrina*에서는 생감자 냄새가 난다. 끈적버섯속의 코르티나리우스 팔레아세우스*Cortinarius paleaceus*는 제라늄향이 난다.

86) 향신료인 아니시드를 얻기 위해 재배하는 미나리과 식물—옮긴이.

악취애주름버섯*Mycena alcalina*은 세제로 사용하는 락스 냄새가 나고 무당버섯속의 루술라 제람팔리나*Russula xeramphalina*는 찐 게 냄새가 난다. 일반적인 버섯의 냄새는 사람마다 다르게 느낀다. 하지만 종종 녹말 냄새, 곰팡이 냄새, 그저 버섯 냄새가 난다고 느끼는데, 이런 냄새는 1-옥텐-3-올 냄새다.

마지막으로, 하와이에 서식하는 말뚝버섯속의 망태말뚝버섯 *Phallus indusiatus*의 냄새를 맡은 여성은 (딱히 믿을 만하다고 여겨지지 않는 『국제 약용 버섯 저널』*International Journal of Medicinal Mushrooms*의 2001년 기사에 따르면) 혼자서도 오르가슴을 느낀다고 한다.

더 찾아보기: 팔각씨앗구멍장이버섯, 말뚝버섯류

Snake Fungus (*Ophidiomyces ophiodiicola*) 파충류피부곰팡이

흰가시동충하초목에 속하는 균으로 토양 속에 서식한다. 2006년에 처음 알려졌으며, 거의 모든 종의 뱀에게 감염된다. 미국의 동부에서 중서부에 이르기까지 방울뱀, 가터뱀 등 종류를 가리지 않고 감염시킨다. 최근에는 유럽에 서식하는 뱀에게서도 발견되었다.

뱀이 이 곰팡이에 감염되는 경로는 이미 감염된 다른 뱀과 접촉했거나 땅으로부터 직접 감염되는 경우 등이다. 이 곰팡이에 감염되면 몸에 상처가 생기고 피부 궤양, 비정상적인 탈피, 탈수, 실명까지 발생한다. 치사율은 거의 100퍼센트에 달한다. 그나마 다행스럽게도, 이 곰팡이에 감염되었더라도 균이 조직 속으로 침투하기 전에 탈피하면 감염된 뱀의 몸에서 균을 제거할 수 있다. 파충류피부곰팡이는 북아메리카 토종이기 때문에, 21세기 이전만해도 북아메리카의 뱀은 이 균에 어느 정도 면역을 갖고 있었을 것이다. 그러나 아마도 양서류가 항아리곰팡이병에 대한 면역력을 잃고 감염되기 시작했던 것과 같은 이유로 이 곰팡이에 감염되기 시작했을 것이다. 인간으로부터 입은 어떠한 피해보다도 서식지 파괴, 공해 그리고 인간의 침입 그 자체가 큰 원인이었던 것이다.

더 찾아보기: 병꼴균류

Snell, Walter 월터 스넬

스넬[1889~1980]은 균학자이자 메이저리그 야구 선수였다. 현역 선수 시절이었던 1913년, 보스턴 레드삭스의 선발투수 다섯 명 중 한 명이었고, 은퇴 후에는 야구 감독이자 로드아일랜드 프로비던스에 있는 브라운대학에서 균학 교수로 활동했다.

나무의 병과 건축용 목재부패균 외에도 그물버섯 전문가였다. 1941년에는 역시 그물버섯 전문가인 에스터 A. 딕[Esther A. Dick, 1909~85]과 결혼했으며, 1957년에 부부 공저로 『균학 색인』*A Glossary of Mycology*을 펴냈다. 또한 「북아메리카 북동부의 그물버섯」*The Boleti of Northeastern North America*이라는 매우 훌륭한 논문도 공동으로 발표했다.

사실 현역 시절 메이저리그에서 그의 타율이 0.250이었음을 보면 야구 선수로서의 타율보다 균학자로서의 타율이 더 높지 않았나 생각할 만하다,

Soft Rot 무름병

박테리아가 원인인 무름병은 대개 치료가 필요하지만, 특정 자낭균에 의해서 목재에 발생하는 무름병은 그렇게 위협적이지 않다. 나무에 서식하는 일반적인 담자균의 균사와는 달리 자낭균의 균사는 담자균에 비해 아주 좁은 영역, 대개 나무껍질의 가장 바깥쪽 가까운 자리에서 자란다. 따라서 자낭균은 나무에서 아주 적은 부분만 분해하며, 그 과정에서 나무에 아주 작은 구멍을 만든다. 여기서 예외가 되는 무름병균은 귀부균인 잿빛곰팡이로, 무름병을 일으키는 다른 자낭균보다 훨씬 더 공격적이다.

백색부후균이나 갈색부후균과는 달리, 무름병균은 대부분 시원한 온도를 좋아한다. 다른 버섯이 미처 자실체를 만들기 전인 봄철에 곰보버섯 같은 반균류를 자주 만나는 것도 이런 이유 때문이다. 또 하나의 이유는 무름병균은 대개 담자균과 경쟁할 필요가 없다는 점이다. 담자균의 균사는 훨씬 더 공격적이다.

역사 이야기를 들춰보자면, 무름병균은 약 3,000년 전 프리기아 왕국을 다스렸던 미다스왕의 무덤을 파괴한 주범이었다. 무름

병균은 왕의 시신에서 나온 질소를 먹고 왕성하게 자라나 왕이 잠든 목관을 점령한 것이 분명해 보인다.

더 찾아보기: 자낭균문, 갈색부후균, 반균류, 귀부, 백색부후균

Spalting 스폴팅

이미 죽었거나 죽어가고 있는 나무 안에서 다양한 균이 벌이는 화학전의 징후. 가장 흔히 관찰되는 유형의 스폴팅은 줄무늬다. 정식 명칭은 유사균핵판pseudosclerotial plates, 줄여서 PSP라고 부른다. 여러 개의 선이 구불구불하게 이어지고 겹쳐지며 아름다운 무늬가 만들어지기 때문에, 목공예가들은 스폴팅이 만들어진 목재를 매우 귀하게 여긴다. 이 무늬들은 각 무늬마다 특정한 균사체가 목질을 분해하거나 다른 균사체가 넘볼 수 없도록 자신만의 '영역 표시'를 하면서 만들어졌다고 할 수 있다. 균사는 다른 균사로부터 자신의 영역을 지키고 (균학자 젠스 페터슨Jens Petersen의 표현을 빌자면) 다른 균사에 의한 '적대적 인수'를 막기 위해 다양한 화학물질을 분비한다.

스폴팅이 가장 잘 생기는 수종으로는 자작나무, 단풍나무, 너도밤나무 등이 있으며 구름송편버섯과 소혀버섯, 껍질고약방석버섯Kretzschmaria deusta 등이 위의 나무들에 아름다운 스폴팅을 만들어준다. 특히 껍질고약방석버섯이 만든 스폴팅은 누구나 탐낼 만큼 아름답다.

스폴팅이 생긴 목재는 대개 목공예가들이 작품에 쓰기 때문에, 미국의 몇몇 회사는 스폴팅이 생긴 목재를 얻기 위해 스폴팅을 만드는 균의 종균을 목재에 접종하는 방법에 대한 특허를 냈다.

더 찾아보기: 녹청균

Split Gill (*Schizophyllum commune*) 치마버섯

보드라운 솜털로 덮인 갓의 아래 면에는 주름으로 착각하기 딱 알맞은 굴곡이 있다. 치마버섯의 종명 *commune*은 '흔한'이라는 뜻으로, 남극을 제외한 모든 대륙에서 발견된다는 사실을 다시 한번 상기시켜준다.

1950년, 하버드대학의 균학자 존 레이퍼John Raper는 치마버섯 포자의 교배형이 2만 8,000가지나 된다고 발표했다. 아마도 세상에서 성생활이 가장 복잡한 버섯이 아닐까 싶다. 치마버섯이 어디에서나 발견되는 이유 중의 하나가 바로 엄청나게 많은 교배형이다. 나머지 하나의 이유는 이 버섯이 바싹 말랐다가도 물을 만나 수분을 보충하기만 하면 몇 번이고 다시 살아나고, 그렇게 살아날 때마다 포자를 만들어 퍼뜨린다는 데 있다.

치마버섯은 대개 썩어가는 나무에 무리를 이루어 자라는데, 그렇게 죽은 나무에서 자라는 동안 아주 우아한 백색부후균으로 활동한다. 건초가 저장된 사일로나 인간의 부비동과 폐에서도 종종 발견된다. 나는 보르네오섬에서 아주 오래전에 사냥꾼의 손에 죽

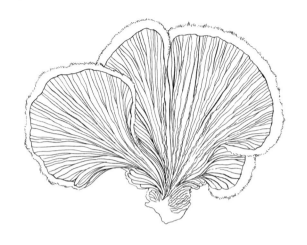

치마버섯의 질감은 가죽 같아서
동남아시아에서는 인기 있는 식재료로 쓰인다.

어 숲속에 버려진 동물의 해골에서 이 버섯을 발견한 적이 있다. 치마버섯은 식물병원균의 균사를 자신의 균사로 질식시키는 기생균으로 알려져 있다.

치마버섯은 질감이 약간 가죽 같은 느낌이어서, 동남아시아에서는 인기 있는 식재료로 쓰인다. 동남아에서는 '맛'과 '질감'을 거의 같은 의미로 쓴다. 그러나 북아메리카에서는 치마버섯을 비식용으로 구분한다.

더 찾아보기: 유성생식

Spongiforma squarepantsii
스폰지포르마 스쾌레판치이

밝은 오렌지색에 스펀지와 똑 닮은 그물버섯의 한 종류. 2011년 말레이시아의 사라왁에서 균학자 톰 브룬스$^{Tom\ Bruns}$가 처음으로 발견하고 니켈로디언 TV의 인기 있는 만화 캐릭터 네모바지 스펀지밥의 이름을 따서 학명을 지었다.

브룬스와 두 명의 동료들이 이 버섯에 스쾌레판치이^{네모바지}라는 이름을 지어준 것이 몇몇 균학자에게는 불만이었다. 하지만 브룬스는 과학은 재미있으면 안 된다는 법이라도 있느냐고 반박했다. 과학의 영역은 광대하고 다양한 분야로 나뉘어져서 다면적인 성격을 갖고 있다. 그러므로 즐겁고 재미있으면 안 될 이유는 없다. 오히려 상황이 해학을 부르기도 한다. 미국에 서식하는 솜꼬리토끼의 학명은 성인 잡지 『플레이보이』를 창간한 휴 헤프너$^{Hugh\ Hefner}$의 이름을 따서 실빌라구스 팔루스트리스 헤프네리$^{Sylvilagus\ palustris\ var.\ hefneri}$라고 명명되었다. 점균류를 먹고 사는 한 딱정벌레의 학명은 미국의 제43대 대통령 조지 W. 부시$^{George\ W.\ Bush}$의 이름을 따서 아가티디움 부시$^{Agathidium\ bushi}$로 지어졌다.

Spore Print 포자문

흰 종이나 검은 종이에 버섯의 생식면이 닿도록 엎어놓고 포자가 자연스럽게 떨어져 나와 제 색을 드러내도록 하면 포자문을

흰 종이나 검은 종이에 버섯갓을 엎어놓으면
포자가 떨어져서 포자문을 얻을 수 있다.

얻을 수 있다. 포자의 색깔은 종을 구별할 수 있게 해주는 중요한
특징 중 하나다. 과거에는 균을 분류할 때 포자의 색깔을 중요한
판단의 근거로 삼았다. 19세기 균학자 엘리어스 프라이스는 포자
문을 기준으로 해 균의 분류에 많은 공헌을 했다. 하지만 버섯이
너무 늙었거나 아직 너무 어린 경우에는 포자를 내지 않는다는
사실을 주의해야 한다.

버섯이 어릴 때나 성숙했을 때나 구별 없이 항상 같은 색의 포
자문을 만들지 않는다는 사실이 균학자들이 포자문을 만드는 중
요한 이유 중 하나다. 독버섯으로 구분되며 어렸을 때는 주름
이 흰색이었다가 성숙하면 녹색으로 서서히 변하는 흰갈대버섯
*Chlorophyllum molybdites*이 그 예다. 버섯 요리를 너무나 좋아하는 나머
지, 이 버섯을 식용 버섯인 큰갓버섯*Macrolepiota procera*과 혼동해 맛

있게 조리해 먹었다간 병원 신세를 피할 수 없다.

포자문은 종종 진짜 예술 작품처럼 근사하게 만들어지기도 한다. 균학자 샘 리스티치는 실제로 자신이 만든 포자문을 가지고 정식으로 전시회를 하기도 했다.

더 찾아보기: 엘리어스 프라이스, 샘 리스티치, 포자

Spores 포자

균뿐만 아니라 조류 · 식물 · 박테리아가 만들어내는, 씨앗과 비슷한 아주 작은 번식체. 포자가 없으면 균도 있을 수 없다. 따라서 자실체는 자신이 만들어내는 포자의 99.9퍼센트가 번식에 알맞은 참나무 등걸이 아니라 엉뚱한 장소(이를테면 주차장, 놀이터 트램펄린 등)에 떨어진다는 것을 감안해 최대한 많은 포자를 만들어낸다. 사람이 베고 자는 베개 하나에도 평균 50만 개의 포자가 붙어 있다고 한다. 물론 그 포자들도 여러분의 베개 위에 떨어지기를 원치는 않았을 것이다.

한창 왕성한 시기의 버섯은 초당 최대 3만 개의 포자를 만들 수 있다. 어떤 포자는 100년 이상을 너끈히 버티므로, 만약 포자가 짝짓기할 상대를 고를 요량으로 술집에 들어가 자리에 앉는다면, 아마도 제 짝을 기다리며 엉덩이가 의자에 눌러붙을 때까지 앉아 있을 수 있을 것이다.

포자는 부드러운 모양, 공 모양, 사각형, 타원형, 혹 모양, 올

록볼록한 모양, 별 모양, 마름모꼴, 육각형, 소시지 모양, 쐐기 모양, 사마귀 모양 등으로 표현할 수 있다. 땀버섯 포자는 종종 곰 모양 젤리를 닮은 경우도 있다. 포자 하나의 길이는 평균적으로 1/1,000 밀리미터밖에 안 되지만, 그 안에 부모 세대의 유전체를 모두 간직하고 있다.

곤충은 균의 포자를 퍼뜨리는 좋은 운반체다. 물론 사람도 마찬가지다. 공기 중에 떠다니던 포자가 탱크탑 또는 쓰리피스 슈트에 내려앉거나 유모차, 자전거에 내려앉을 수도 있다. 그리고 아주아주 드물게, 후손을 퍼뜨리기 딱 알맞은 기질 위에 떨어질 수도 있다.

더 찾아보기: 유성생식, 포자문, 기질

Stamets, Paul 폴 스태미츠

스태미츠[1955~]는 종종 르네상스 균학자라고 불리기도 한다. 세균을 이용한 오염 정화, 버섯 재배, 균의학, 곤충과 균의 관계, 마법의 버섯 등 균과 관련된 다양한 분야에 흥미를 가지고 활동하고 있기 때문이다. 마법의 버섯에 관해서 그가 쓴 『세계의 실로시빈 버섯들』*Psilocybin Mushrooms of the World*은 거의 표준 가이드로 인정받고 있다. 스태미츠는 TED 강의에도 여러 번 등장했으며 균과 관련된 특허를 세계에서 가장 많이 보유한 사람이라고 해도 과언이 아닐 것이다. 미국 워싱턴주의 셸턴에 평기 퍼펙티[Fungi]

Perfecti를 설립하여 운영하고 있는 CEO이기도 하다.

나도 스태미츠에게 언젠가 우리가 다른 행성에 발을 들여놓는다면, 가장 먼저 우리를 맞는 것은 균사일 거라는 말을 들은 적이 있다. 저서 『달리는 균사』*Mycelium Running*에서 언젠가는 『우주균학 성간 저널』*The Interplanetary Journal of Astromycology*이 출판되는 날이 올 것이라고 주장하기도 했다. TV 드라마 「스타트렉: 디스커버리」*Star Trek: Discovery*에 우주균학자이자 대위인 폴 스태미츠라는 캐릭터가 등장하는 것도 다 그럴 만한 배경이 있었던 것이다. 우주 버섯 전문가인 스태미츠 대위는 "우리 은하의 모든 생명체는 포자에서 시작되었다"고 주장한다.

(영화에서와는 달리) 현실 세계의 스태미츠는 우리 지구를 살리는 데 균이 중요한 역할을 할 수 있다는 믿음을 전파하고 증명하기 위해 헌신하고 있다. 예를 들자면, 그는 요즈음 벌의 군집붕괴 현상을 막는 데 균을 사용할 방법을 열심히 찾고 있다. 만약 노벨 균학상이 있다면, 폴 스태미츠가 가장 가능성 높은 후보자임을 말할 것도 없다.

Stem 기둥

자루 또는 줄기라고도 하며, 주름버섯, 그물버섯, 몇몇 담자균과 구멍장이버섯이 공통으로 가지고 있는 구조다. 땅에서 자라는 버섯은 대개 기둥이 눈에 잘 띈다. 포자를 품고 있는 갓이 땅바닥에서 위로 솟아 있어야만 하기 때문이다. 나무에서 자라는 버섯은 대개 기둥이 없거나 있어도 크지 않다. 땅에서 자라는 버섯의 기둥이 할 일을 나무, 나뭇가지, 줄기가 대신 해주고 있기 때문이다.

버섯의 기둥은 '비늘 모양' '다육질' '비듬이 있는' '미소섬유 모양' '광택이 있는' '속 빈' '연골성' '가죽 같은' '팽팽한' '끈끈한' '중심에서 벗어난 모양' 등으로 설명한다. 주름신그물버섯*Boletellus russellii*은 버섯 중에서 가장 털이 많은 기둥을 갖고 있어서 어떤 것은 뒤틀린 등뼈처럼 보이기도 한다. 광대버섯속 일부 버섯의 기둥 아랫부분에는 마치 주머니처럼 생긴 균포라는 구조물이 달려 있다. 광대버섯속의 또 다른 버섯들은 땅속에 뻗어내리는 뿌리가 있기 때문에, 이런 버섯을 식별하기 위해서는 땅의 표면 위에서 기둥을 잘라내서 채취할 것이 아니라 땅을 파내면서 버섯 전체를 채취해야 한다.

긴꼬리버섯속*Hymenopellis*과 파라제룰라속*Paraxerula*은 광대버섯속보다 뿌리를 더 깊게 뻗는다. 나는 땅 위에 드러난 버섯의 크기는 고작 15센티미터 남짓인데 뿌리 길이가 거의 60센티미터나 되는 비듬껍질버섯*Hymenopellis furfuracea*을 본 적이 있다.

Stinkhorns (Phallales) 말뚝버섯류

말뚝버섯목에 속하는 담자균들은 모양이 말뚝을 닮았다고 해서 말뚝버섯이라는 이름을 얻었다. 말뚝버섯목에 속하지만 모양은 불가사리, 바구니, 시가, 도마뱀 발톱, 오징어 등을 닮은 버섯도 있다. 하지만 모양이야 어떻든 말뚝버섯목의 모든 버섯이 지닌 공통적인 특징은 매우 역겨운 냄새다. 그 냄새는 기본체라는 끈적끈적한 포자의 덩어리에서 나온다. 푹 썩은 동물의 시체, 다 썩어가는 고기 냄새와 비슷한 이 냄새는 썩은 고기를 좋아하는 파리를 비롯해 온갖 날아다니는 곤충들을 꾀어들여서 포자 운반책으로 이용한다. 팔루스 두플리카투스*Phallus*

말뚝버섯에서는 매우 역겨운 냄새가 난다.

*duplicatus*는 마치 커튼 같은 구조물이 달려 있어서, 날아다니지 못하는 곤충들이 사다리처럼 타고 올라와 기본체에 닿을 수 있게 해준다(이 얼마나 민주적인 버섯인가!).

인간은 말뚝버섯을 곤충만큼 좋아하지 않는다. 뉴잉글랜드에서는 소유지 안에서 이 말뚝이 솟아나면 집안에 곧 상이 난다고 믿었다. 찰스 다윈의 딸 에티Etty는 자기 땅 안에서 자라는 말뚝버섯을 모두 캐다가 불살라버렸다. 말뚝버섯의 생김새가 하녀들의 도덕성을 타락시킬까 하는 걱정 때문이었다. 팔루스 라베넬리이 *Phallus ravenelii*의 냄새를 맡아 본 미국의 한 박물학자는 "온 세상의 악취가 한꺼번에 풀려난 듯하다"라고 말했다.

말뚝버섯의 '알'[87)]은 이 버섯이 말불버섯의 친척이라는 것을 알려준다. 유럽에서는 종종 이 알이 트러플이라고 팔린다.

더 찾아보기: 말뚝버섯. 냄새

Substrate 기질

"나에게 당신이 사는 곳의 풍경을 말해준다면, 나는 당신이 누구인지 말해주겠다."

스페인 철학자 오르테가 이 가세트[Ortega y Gasset]가 한 말이다. 균에 대해서도 이와 비슷한 말을 할 수 있다. 너의 기질을 말해준다면, 나는 아마 너를 식별할 수 있을 거야.

기질이란 균이 깃들어 살면서 영양분까지 얻어가는 곳이다. 어떤 유기체 또는 유기체인 척하는 것이라도 균은 기질로 삼을 수 있다. 이를테면 나무나 동물의 배설물, 흙 같은 것뿐만 아니라 석유, 동굴, 파라핀, 곤충, 오수, 녹조, 벽지, 전선 피복, 커튼, 쌍안경 렌즈, 낡은 책, 원두커피 찌꺼기, 습한 화장실, 물에 오염된 항공유, 동물이 사는 굴, 우주정거장, 송진, 심지어는 우리 몸속의 내

---

87) 땅속에 묻혀 있는 동그란 구조물로 자실체가 여기서부터 생겨난다.

장도 좋은 기질이 된다.

우리 몸의 장속에는 평균적으로 267종의 균이 있다고 한다(당신은 절대로 혼자가 아니에요!). 대략 40종 정도의 균이 인간의 발가락과 발가락 사이를 집으로 삼고 살아간다. 지구상의 온갖 좋은 곳을 다 마다하고 굳이 거기서 살겠다는 것이다. 심지어는 타이타닉호의 잔해에도 균이 산다. 해양균종 할로모나스 티타니카에 *Halomonas titanicae*는 지금도 타이타닉호의 잔해를 먹어치우고 있는 중이다. 다른 해양균들은 침몰한 여객선보다는 해조류를 먹고 사는 것 같다.

사실 오래된 숲속보다는 도시의 공원에 더 다양한 균들이 산다. 공원에 더 다양한 기질이 있기 때문이다. 어떤 것은 자연물이고 어떤 것은 망가진 것이지만 어떤 것은 다른 곳에서 사다 놓은 것이다. 그리고 적당한 기질을 찾는 것은 균에게 세상에 존재할 수 있을지 여부를 결정하는 중요한 문제다.

T

두꺼비가 앉았던
버섯을 먹거나 만지기만 해도
치명적인 위험에 빠질 수 있다고 믿었다.

Tar Spot (*Rhytisma* spp.) 타르점무늬병균

타르가 묻은 까만 얼룩처럼 생긴 자낭균. 참꽃단풍나무, 큰잎단풍나무, 노르웨이단풍나무 등에서 주로 발견된다. 타르점무늬병균의 포자는 단풍잎에 달라붙어 있기 위해 끈적끈적한 점액질을 극소량 분비한다. 이 균의 포자는 균계에서 가장 식탐이 없다고 알려져 있다. 크기는 길이 200~300마이크론, 넓이 3마이크론 정도다.

타르점무늬병균은 잎이 나뭇가지에 붙어 있는 한, 일찍 낙엽이 지게 한다는 것 말고는 달리 아무런 해도 끼치지 않는다. 타르점무늬병균이 생긴 단풍잎은 정상적인 낙엽 시기보다 조금 일찍 낙엽이 될 뿐이다. 타르점무늬병균에게 왕성한 식욕이 생기는 것은 자신이 붙어 있는 단풍잎이 땅에 떨어진 다음부터다. 이때부터 포자가 발아관을 통해 발아하는데, 발아관은 이미 죽은 나뭇잎의 상피세포를 감염시킨다.

그러나 타르점무늬병균은 이산화황에 매우 약하기 때문에, 대기오염이 심한 지역에서는 이 병균을 거의 보기 힘들다. 결과적으로 타르점무늬병균은 대기의 오염 정도를 알려주는 지표라고 볼 수 있다.

Teonanacatl 테오나나카틀

아즈텍어로 '신의 몸'이라는 뜻이다. 여기서 말하는 '몸'은 정신

단풍나무타르점무늬병균은 단풍잎이
땅에 떨어진 다음부터 식욕이 왕성해진다.

활성물질이 들어 있는 버섯인데, 신대륙 발견 이후 아메리카 대륙에 발을 들여놓은 스페인 선교사들은 아즈텍 사람들이 이 버섯을 먹는 것을 막으려 했다. 그들은 이 버섯을 '악마의 몸'이라고 보았기 때문이다. 기독교로 개종한 후의 아즈텍 사람들은 테오나나카틀을 먹고 나서 예수님이 자신에게 직접 하시는 말씀을 들었다고 주장하기도 했다.

도미니크수도회 수사 디에고 두란Diego Durán에 따르면, 몬테수마 황제의 대관식에서는 인신공양을 행했을 뿐만 아니라 엄청난 양의 테오나나카틀이 제공되었다고 한다. 이 버섯은 "사람들에게 술보다 훨씬 더 큰 영향을 끼쳤다."

아즈텍 사람들이 의식을 치르기 위해 먹었던 버섯은 한 종류에만 국한되었던 게 아니라 환각버섯속과 말똥버섯속에 속하는 여러 종의 버섯이었던 것 같다. 마자텍족의 치료사 마리아 사비나는 고든 와슨에게 테오나나카틀이 아니라 자신이 '신의 아이들'이라 불렀던 환각버섯만 맛보게 했다.

멕시코와 과테말라에서는 '돌버섯'piedras hongo이라는 석상 또는 도자기 조각상이 여럿 발견되었는데, 버섯의 갓 아래 기둥에 신의 형상이 새겨져 있거나 기둥과 가까이 있는 모습으로 조각되어 있다. 이 조각상들은 어쩌면 테오나나카틀과 어떤 관계가 있을지도 모른다.

더 찾아보기: 마법의 버섯, 마리아 사비나, 고든 와슨

Thaxter, Roland 롤랜드 댁스터

댁스터[1858~1932]는 미국 농무부가 항균제 살포용 분사기를 도입하게 한 덕분에 '분사기 식물학자'라는 별명을 갖게 된 하버드의 균학자다. 균을 제거하는 데 몰두하기보다는 균을 기록하는 것을 중요하게 여겼던 댁스터는 연구 경력의 대부분을 자낭균 연구에 바쳤다. 특히 충생자낭균목Laboulbeniales에 집중했는데, 충생자낭균은 특정 곤충의 외골격에 얇은 키틴질층을 형성한다. 1898년부터 1931년 사이에 댁스터는 충생자낭균목에 대해 다섯 권의 책을 썼고, 펜과 잉크로 정교하게 그린 총 3,000장 이상의 세밀화를 삽화로 넣었다.

하버드의 연구소에 있지 않을 때면 늘 채집 여행을 떠났는데, 남반구의 오지를 특히 즐겨 찾았다. 포클랜드섬, 파타고니아, 티에라델푸에고 등지에서 그가 수집한 표본들은 하버드 팔로 식물 표본실의 특별실에 소장되어 있다.

댁스터는 은퇴 후 메인주의 키터리 포인트라는 곳에 살면서 연중 하루도 빠짐없이 매일 아침 정확히 11시에 북대서양의 차가운 물에 뛰어들어 나체 수영을 즐겼다. 펜과 잉크로 세밀화를 그리던 꼼꼼함과 정확성은 그의 체질이었던 것 같다.

Toadstool 토드스툴

버섯, 특히 독버섯을 일컫는 조롱 섞인 표현. 잉글랜드에서는 비교적 최근까지 쓰였는데, 독버섯을 가리킨다고는 하지만 식용 버섯 중 일부도 토드스툴이라 불렸다.

이 말의 어원은 분명하지 않다. '죽음'을 의미하는 고대 독일어 tode와 '의자'를 뜻하는 stole에서 왔을 수도 있다. 고대 아이슬란드어에서 '똥'tad과 '변소에 두는 의자'stoll가 합쳐진 것일 수도 있다. 두꺼비toad는 종종 가끔 독을 지니고 있는 종류가 있어서 사람을 놀라게 하기도 하는데, 그런 두꺼비가 버섯 위에 올라앉기를 좋아한다는 사실과 관련이 있을지도 모른다. 옛날 사람들은 두꺼비가 앉은 자리에 일부러 독을 퍼뜨린다고 믿어 의심치 않았다. 따라서 두꺼비가 앉았던 버섯을 먹거나 심지어는 만지기만 해도

두꺼비는 버섯 위에
올라앉기를 좋아한다.

치명적인 위험에 빠질 수 있다고 믿었다. 위에서 언급한 여러 어원은 공통적인 함의를 가지고 있다. 버섯은 매우 위험한 물건이니 절대로 건드리지 마라!

'버섯'을 뜻하는 영어 단어 'mushroom'의 어원도 불분명하기는 마찬가지다. '이끼'를 뜻하는 고대 프랑스어 'mousseron'에서 왔다는 설도 있다. '미끈미끈한' 또는 '끈적끈적한'이라는 뜻을 가진 라틴어 'mucus'에서 왔는지도 모른다. 아니면 이끼를 뜻하는 고대 영어, 고대 독일어 또는 고대 노르웨이어에서 왔을 수도 있다.

식용 가능성과 관련이 없는 표현인 구멍장이버섯, 껍질버섯, 미세균류 등은 부정적인 의미로 쓰이지 않는다.

더 찾아보기: 버섯혐오증

Tooth Fungi 이빨버섯류

최소한 여덟 개의 서로 다른 목으로 분류되어 있는 담자균의 집합으로, 가늘고 날카롭지 않은 돌기를 공통적으로 가지고 있다. 이 돌기를 '이빨'aculeus이라고 부르는데, 이름은 이빨이지만 뭔가를 물거나 찌를 힘은 갖고 있지 않다. 이빨버섯류의 이빨은 수직으로 바닥을 향해 나 있다. "나는 포자를 만들고 퍼뜨리는 데 주름이나 세공을 이용하는 것보다 아래를 향한 돌기를 이용하는 게 훨씬 나아!"라는 진화론적 적응의 외침이다.

어떤 이빨은 뾰족하지만 어떤 이빨은 뭉툭하고, 또 어떤 것(턱수염돌기고약버섯Hyphodontia barba-jovis)의 이빨은 어서 치과에 가지 않으면 안 될 것 같은 모양이다. 이빨버섯류의 자실체는 배착생이거나 꺾쇠형이고 기둥을 갖고 있는 것도 있다. 적어도 한 종, 피즙갈색깔대기버섯은 옥살산을 방울방울 분비한다.

기계충버섯Irpex lacteus같이 흰색 이빨을 가진 구멍장이버섯과 보라색 이빨을 가진 몇몇 구멍장이버섯(테옷솔버섯Trichaptum biforme과 옷솔버섯Trichaptum abietinum)은 세공 주변에 이빨 돌기를 만들지만, 사실은 이빨버섯이 아니다.

이빨버섯은 나무를 기질로 삼거나 외생균근으로 살아간다. 외생균근으로 사는 것들도 요정의 고리는 만들지 않는다. 그러므로 이빨버섯을 이빨요정과 연결 지은 우스갯소리는 아직 없다. 이빨 버섯류에는 턱수염버섯속*Hydnum*, 갈색깔때기버섯속*Hydnellum*, 바늘 버섯속*Steccherinum*, 살팽이버섯속*Phellodon*, 노루털버섯속*Sarcodon*, 수염 버섯속*Climacodon* 등이 있다.

Train Wrecker (*Neolentinus lepideus*) 새잣버섯

하얀 비늘이 덮인 갓, 턱받이가 달린 위 넓은 원통형 기둥에는 더 많은 비늘이 덮여 있다. 주름은 깔쭉깔쭉한 모양이어서, 마치 식성 좋은 곤충이나 작은 짐승이 뜯어먹다 말고 방치한 것처럼 보인다.

버섯이 기차를 망가뜨린다는 이야기는 들어보지 못했지만, 이 버섯은 적어도 철도 침목은 망가뜨릴 수 있다. 침목이 상하지 말라고 칠해둔 목재 방부제를 너끈히 소화해버리기 때문이다. 철도 침목으로는 보통 방부제를 칠한 침엽수를 쓴다. 그래서 이 버섯을 영어권에서는 '철도 파괴자'*Train wrecker*라고 부르곤 한다. 하지만 이 버섯이 파괴하는 것은 철로 침목만이 아니다. 역시 침엽수로 만들어 세우는 전신주도 이 버섯이 좋아하는 기질이다. 따라서 '전신주 파괴자'라고 불러도 무리가 없을 듯하다.

철도 파괴자는 표고버섯의 먹성 좋은 사촌이다. 기차는 논외로 하지만 적어도 철도를 이 버섯으로부터 보호하기 위해, 미국 농무부는 1970년대 초까지 아시아에서 미국 영토 안으로 표고버섯을 수입해 들여오는 것을 금지했다.

새잣버섯은 맛과 영양이 뛰어난 식용 버섯이지만, 철로 침목에서 자라는 것은 먹지 않는 편이 좋다. 방부제를 다량 흡수했을 것이 분명하니만큼, 화학물질이 듬뿍 든 버섯으로 보글보글 끓여낸 찌개가 장에 좋을 리 없다.

더 찾아보기: 표고버섯

Truffles 트러플

땅속에서 자라는 덩어리 모양의 담자균. 다양한 나무와 균근관계를 형성하는데, 참나무를 특히 좋아한다. 여러 종류의 트러플 중에서도 미식가들에게 가장 인기 있는 것이 블랙 트러플이라고도 불리는 페리고르 트러플*Tuber melanosporum*과 화이트 트러플*Tuber magnatum*이다. 이 두 종류의 트러플은 소더비 경매장에서 수천 달러에 팔리기도 한다. 엘라포미세스속*Elaphomyces*이나 속검정덩이속*Melanogaster*의 버섯들처럼 가짜 트러플도 매우 흔하게 유통되지만, 소더비 경매장의 딜러들은 거들떠보지도 않는다.

트러플은 냄새를 무기로 자신의 존재를 알린다. 페리고르 트러플의 냄새는 발정난 수퇘지의 냄새와 비슷하다. 그래서 트러플을 채취하는 사람들은 암퇘지를 앞세우곤 했다. 트러플에서 발정난 수퇘지 냄새가 나기는 하지만, 그렇다고 암퇘지를 끌어들이기 위한 것은 아니다. 곤충과 작은 설치류를 꼬드겨 포자를 먹도록 하기 위해서다. 운반책들에게 먹힌 포자는 소화계를 무사히 통과해 배설물과 섞여서 균근관계를 맺기에 적당한 나무 근처에 떨어지기를 기다린다. 일부 트러플에서 발견되는 화학물질인 알파-안드로스테놀은 인간 남성의 겨드랑이에서 나는 땀과 여성의 소변에서도 발견된다. 트러플이 암퇘지에게 효과 좋은 최음제이기는 하지만, 아주 오랜 옛날부터 인간 남성에게도 좋은 최음제로 여겨져왔다. 중세에는 수사들이 트러플을 먹는 것을 금지했다. 행여나 금욕 생활의 계율을 어기고 여성을 유혹할까 하는 우려에서였다.

Turkey Tail (*Trametes versicolor*) 구름송편버섯

수컷 칠면조가 활짝 펼친 꼬리 모습을 닮았다 해서 영어권에서는 '칠면조꼬리'Turkey Tail라는 이름으로 불리는 일년생 구멍장이 버섯이다.

층이 진 갓, 자잘하고 동그란 세공, 다양한 색깔[88]을 나타내는 구름송편버섯은 낙엽성 교목의 통나무와 밑동에 백색부후를 일으킨다. 전 세계에 걸쳐 고루 분포할 뿐만 아니라 다수의 개체가 군집을 이루어 자라는데, 균사에서 분비되는 강력한 효소 덕분이다. 이 효소는 같은 목재 기질을 구름송편버섯과 공유하려 하는

---

88) 종명인 *versicolor*는 라틴어로 '다양한 색깔'이라는 뜻이다―옮긴이.

다른 균사를 쫓아내거나 죽여버린다. 구름송편버섯을 이기는 것은 주름다공균인 조개껍질버섯뿐이다. 조개껍질버섯의 균사는 구름송편버섯의 균사를 자신의 영역에서 쫓아내거나 죽인다.

구름송편버섯의 자실체에 있는 효소는 청바지를 만들 때 워싱 효과를 내기 위해 원단을 탈색하는 데 쓰인다. 다코타족 원주민들은 구름송편버섯을 옷감 탈색에 썼을 뿐만 아니라 수프나 스튜의 식감을 높이기 위해서도 썼다. 구름송편버섯이 함유하는 다당류는 면역체계를 촉진한다고 알려져 있어서 아시아에서는 약용 버섯으로 인기가 높은데 그 인기는 점차 전 세계로 퍼져나가고 있다.

자실체가 놀랍도록 다양하기 때문에, 구름송편버섯은 단일종이 아니라 복합종이라고 여겨지기도 한다.

더 찾아보기: 약용 버섯, 구멍장이버섯류, 백색부후균

U

특정 버섯에 돌기가 발달하도록 진화한 이유는
버섯이 포자를 퍼뜨리기 전에 낙엽이나 낙엽 퇴적물을 헤치고
밖으로 나올 수 있게 하기 위해서였을 것이다.

Umbo 돌기

버섯의 갓 중앙에 마치 손잡이나 젖꼭지처럼 볼록 솟아 있는 조직을 말한다. 돌기가 뾰족하게 솟아 있으면 예두형, 동글동글하면 예철두형, 여성의 유방을 닮았으면 유두형 또는 유두상이라고 한다.

특정 버섯에 돌기가 발달하도록 진화한 이유는 버섯이 포자를 퍼뜨리기 전에 낙엽이나 낙엽 퇴적물을 헤치고 밖으로 나올 수 있게 하기 위해서였을 것이다. 돌기가 있는 버섯은 다른 계절보다 특히 가을철에 더 많이 볼 수 있는데, 가을은 낙엽이 많이 떨어져 땅 위에 쌓이는 계절이라는 것을 생각하면, 앞의 주장에 설득력이 있다.

돌기 →

돌기가 있는 버섯으로는 꽃버섯속*Hygrocybe*, 종버섯속, 땀버섯속, 끈적버섯속 등이 있다. 광대버섯속인 아마니타 페네트라트릭스*Amanita penetratrix*는 땅속 깊은 곳에서 발아하고, 따라서 땅 위에 자실체를 내기 위해서 먼 거리를 뚫고 올라와야 하기 때문에 돌기가 단단해졌다고 볼 수 있다. 파에오콜리비아 크리스티나이*Phaeocollybia christinae*는 돌기가 매우 단단하면서 뾰족해서, 아무 생각 없이 이 버섯을 따려고 손을 내밀었다가는 찔려서 피를 보게 될 수도 있다.

V

말뚝버섯의 베일은 아래를 향해 죽 늘어져 있어서,
마치 검열을 피해 남성의 성기 같은 모습을 감추려
애썼지만 다 감추지 못한 듯한 모습이다.

Valley Fever 계곡열

정식 명칭은 콕시디오이데스진균증이다. 계곡열은 캘리포니아 주 산 호아킨 밸리에서 특히 흔하게 발생하는데, 이 지역 인구의 절반 가까이가 감염되기도 한다. 그래서 산 호아킨 계곡열이라는 별명이 생겼다.

계곡열은 주로 콕시디오이데스 이미티스*Coccidioides immitis*에 의해 발병하는데, 이 균은 매우 강한 알칼리성 토양에서 산다. 건조한 계절에는 흙 속에 머물러 있지만, 비가 내리면 분생자가 공기 중에 떠돌아다니다가 사람이 호흡할 때 몸속으로 흘러든다. 호흡기에 들어온 분생자는 건강에 문제를 일으키기 시작하는데, 경우에 따라서는 호흡기 외에 다른 신체 부위에서도 질병을 일으킨다. 뼈, 관절, 장 등에 통증과 염증을 유발하고 뇌수막염을 불러올 수도 있다. 그러나 정확하게 계곡열이라고 진단이 내려지지 않고 넘어가는 경우도 적지 않다. 계곡열의 증상은 감기나 독감과 비슷하기 때문이다.

비 외에 건설 작업도 계곡열의 발병을 증가시킨다. 비가 포자의 확산을 촉진하기도 하지만, 과밀한 경작 역시 계곡열의 증가 요인 중 하나로 여겨져 왔다.

1893년 아르헨티나에서 처음 기록된 계곡열은 서반구의 건조 지역 풍토병이다.

더 찾아보기: 새똥

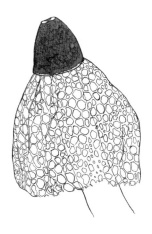

팔루스 두플리카투스의 베일은 기둥에서 아래를 향해 죽 늘어져 있다.

Veil 베일

'턱받이'라고도 불리는데, 몇몇 버섯, 특히 광대버섯류가 아직 성숙하지 않은 개체를 보호하는 막이다. 이 막이 개체 전체를 덮고 있으면 외개막, 갓 부분에만 붙어 있으면 내개막이라고 한다. 양쪽 모두 버섯 자실체에서 포자를 발아할 때까지 번식에 중요한 부분인 주름이나 세공을 보호한다. 시기가 되면 베일이 찢어지면서 일부분이 마치 치마처럼 붙어 있거나 기둥에 고리를 이루며 붙어 있다가 점차 사라진다. 일부 버섯에서는 찢어진 베일의 일부가 비늘이나 사마귀 같은 형태로 갓에 남기도 한다. 또는 일부 광대버섯류처럼, 공 모양의 주머니 같은 균포가 남는다.

버섯의 베일 중에서 가장 눈길을 끄는 것은 아마도 말뚝버섯속 팔루스 두플리카투스의 베일일 것이다. 기둥에서 아래를 향해 죽 늘어져 있어서, 마치 검열을 피해 남성의 성기 같은 모습을 감추려 애썼지만 다 감추지 못한 듯한 모습이다.

W

진균병은 마녀가 타고 다녀서
닳고 닳아 더 이상
쓸모없이 되어버린 빗자루처럼 생겼다.

Wasson, Gordon 고든 와슨

와슨[1897~1986]은 월스트리트의 은행가이자 민속균학자. 정신활성물질을 지닌 버섯 연구로 잘 알려져 있는 와슨은 20년 동안 JP 모건사의 부사장으로 일했으며 정치적으로는 보수파이면서 백만장자였다. 이런 이력을 가진 사람이라면 당연히 트러플 애호가일 거라고 생각하기 쉽지만, 트러플이 아니라 마법의 버섯에 심취해 있었다. 1955년에 마자텍족의 치료사 마리아 사비나를 직접 만나보고 『라이프』지에 자기가 돈을 내고 마법의 버섯에 대한 글을 실어 마법의 버섯에 대해 전 세계적인 관심을 불러 모은 사람이 바로 고든 와슨이었다.

와슨은 특히 광대버섯에 관심이 많았다. 그는 세계 곳곳에서 아주 오래전에 목각으로 만들어진 유물을 발견했을 뿐만 아니라 스톤헨지에서도 그 모습을 보았다. 그는 자신이 쓴 책 『소마』[Soma]에서, 고대 베다의 마약성 흥분제 소마가 바로 광대버섯이었다고 주장했다. 또한 이브가 아담을 유혹할 때 건넸던 것도 사과가 아니라 광대버섯이었을 거라고 추측했다. 신약의 저자들이 광대버섯을 사과로 바꿔놓았다는 것이다. 균학자로서 주장해볼 만한 추측이었다고 생각한다.

저명한 과학자이자 LSD를 처음으로 합성한 알베르트 호프만, 하버드의 민속식물학자 리처드 에번스 슐츠[Richard Evans Schultes] 그리고 반문화 운동의 아이콘 테렌스 맥케나 등이 와슨의 친구이거나 지지자였다.

더 찾아보기: 존 알레그로, 민속균학, 광대버섯, 테오나나카틀, 마리아 사
비나

Waxy Caps 미끈미끈한 갓

중간 크기 또는 작은 크기로 주름이 넓은 버섯 중에 만지면 갓
이 미끈미끈하게 느껴지는 것들이 있다. 벚꽃버섯속*Hygrophorus*,
이끼꽃버섯속*Gliophorus*, 처녀버섯속*Cuphophyllus*, 후미디쿠티스속
Humidicutis, 꽃버섯속*Hygrocybe* 등이 해당하는데, 마지막의 꽃버섯속
은 워낙 색깔이 선명하고 다채로워서 가장 자주 눈에 띈다.

이끼꽃버섯*Gliophorus psittacina*은 초록색에 가깝고, 노란대꽃버섯
Hygrocybe flavescens, 끈적노란꽃버섯*Hygrocybe chlorophana*은 이름처럼 금빛
노란색이다. 진빨간꽃버섯*Hygrocybe coccinea*은 아주 선명한 선홍색 또
는 주홍색이다. 색깔은 총천연색이지만 미끈미끈한 갓을 가진 버
섯들의 포자는 모두 흰색이다.

날이 춥거나 쌀쌀할 때도 자실체를 맺기 때문에 미끈미끈 또는
끈적끈적한 갓이 부동액 역할을 한다. 첫서리가 내린 뒤에도 계
속 자실체를 맺는다.

이 종류의 버섯들도 한때는 균근균이었지만, 지금은 대개 부생
균이거나 내생균이다. 숲속에서만 살며, 대부분 이끼와 관계를 맺
는 것으로 보이지만 여러 유형의 풀과도 관계를 형성한다. 비료

를 주지 않은 자연 그대로의 풀밭임을 알려주는 좋은 표지로 알려져 있지만, 그런 서식지가 점점 줄어들고 있기 때문에 이들 버섯도 줄어들고 있을 것이다.

White-Nose Syndrome 흰코증후군

줄여서 WNS라고 부르기도 한다. 추위를 좋아하는 자낭균, 슈도김노아스쿠스 데스트럭탄스*Pseudogymnoascus destructans*에 의해서 발생하는 박쥐의 질병이다. 이 균의 균사는 박쥐의 날개와 피부에도 영향을 주지만, 감염된 개체의 코끝에 주로 영향을 끼쳐서 하얗게 병변이 생기기 때문에 이런 이름으로 불리게 되었다. 이 균은 동면하는 박쥐에게 반드시 필요한 지방분을 잃게 만드는 치명적인 결과를 불러온다.

지금까지 북아메리카에서 이 병으로 죽은 박쥐는 14개 종에 걸쳐서 약 700만 마리에 이르는데, 이들은 대개 유라시아에서 기원한 종으로 보인다. 하지만 실제로 유럽에 서식하는 박쥐들은 이 균에 감염되어도 죽지 않는다. 북아메리카에 서식하는 박쥐들은 이 균에 대응하도록 진화하지 못했거나 아니면 서식지와 환경 파괴 등의 원인으로 인해 면역체계가 약화되었기 때문인 것 같다.

흰코증후군은 인간에게 전염되지 않지만, 어쩌면 동굴에서 드나들던 사람에 의해 흘러든 포자가 최초로 박쥐들을 이 균에 감염시켰을지도 모른다. 이와는 반대인 상황이 있는데, 히스토플라

즈마 캅술라툼이라는 균은 박쥐의 배설물 속 구아노가 들어 있는 흙 속에서 살다가 포자를 퍼뜨려서 사람을 감염시킨다.

이 책을 쓰고 있는 지금, 몇몇 종의 박쥐가 내성을 키우거나 밤마다 서로 바싹바싹 달라붙어 체온을 유지하는 방식으로 흰코증후군에 대응하고 있는 것으로 보인다.

더 찾아보기: 새똥, 병꼴균류

White Rot 백색부후균

리그닌은 비유하자면 접착제와 같다. 목재 속의 셀룰로오스가 함께 붙어 있도록 해주는 물질이다. 이러한 리그닌을 분해할 수 있는 균을 백색부후균이라고 한다. 이 균이 내는 효소의 영향을 받은 나무는 희끗희끗한 색이 되기 때문에 이런 이름이 붙었다. 백색부후균의 공격을 받은 나무는 물렁물렁해지고 구멍이 숭숭 뚫려서 섬유질만 남은 듯한 모양이 된다. 백색부후균은 매우 예외적인 균이라고 말할 수 있다. 리그닌을 분해할 수 있는 유일한 균이기 때문이다.

백색부후균 외에 리그닌을 분해할 수 있는 것은 극소수의 박테리아뿐이다. 라카아제와 여러 종류의 과산화효소가 리그닌을 분해하는 데 중요한 역할을 한다. 백색부후균일지라도 리그닌을 분해하고 소화하는 것은 매우 어렵다. 그래서 백색부후균의 균사체는 라카아제와 과산화효소 같은 것들을 도구로 써서 리그닌을 보다 소화하기 쉬운 탄소화합물로 먼저 바꾸어놓는다.

심각한 피해를 입히는 백색부후균을 꼽자면 뽕나무버섯류를 들 수 있다. 이 버섯은 건강한 나무도 공격한다. 이보다 덜 심각한 백색부후균은 구름송편버섯과 느타리버섯 등이 있다. 이들 버섯은 대개 이미 죽었거나 죽어가고 있는 나무를 공격한다.

백색부후균 중에서 어떤 것들은 갈색부후에도 관여하는데, 이것은 백색부후균들이 리그닌뿐만 아니라 셀룰로오스도 소화시킬 수 있다는 의미다. 이런 종들은 종종 동시부후균이라고도 불린다.

더 찾아보기: 갈색부후균, 뽕나무버섯류

Witches Broom 빗자루병

마치 빗자루를 거꾸로 세워놓은 듯한 모양의 진균병. 마녀가 타고 다녀서 닳고 닳아 더 이상 쓸모없이 되어버린 빗자루처럼 생겼다. 마녀가 빗자루를 타고 나무 위나 다른 식물들 위로 날아다니면서 나무에 빗자루병을 옮겼다고 믿기도 했다. 빗자루병은 수많은 종류의 활엽수와 침엽수를 기주로 삼는다.

빗자루병의 원인은 담자균 무병녹균속*Melampsora*과 자낭균 기형병균속*Taphrina* 균들이다. 이 균들의 균사체는 기주의 가지가 웃자라게 자극하는 호르몬을 분비하고는 그렇게 웃자란 가지와 잔가지를 영양분 삼아 자란다. 이들이 이렇게 영양분을 빨아먹고 자란다 해도 기주 자체에는 심각한 손해를 끼치지 않는다. 이들이

빗자루병에 걸린 나무.
빗자루병은 수많은 종류의
활엽수와 침엽수를 기주로 삼는다.

자라는 나무는 이미 약해진 나무일 수도 있고, 어쩌면 그렇게 허약해진 상태가 빗자루병을 일으키는 무병녹균이나 기형병균을 끌어들인 것일 수도 있다. 무병녹균 중 어떤 종들은 화재가 지나간 자리의 나무에서만 빗자루병을 일으킨다.

빗자루병의 긍정적인 역할을 말하자면, 이 병에 걸린 나무가 북미날다람쥐가 쉬어가는 정거장이 되어주거나 둥지를 트는 자리가 되어준다는 정도일 것이다.

X

음식물에 붙어살며 2,000년을 견딘 누룩곰팡이가
바로 그 유명한
'투탕카멘의 저주'의 원인이었다.

Xerotolerant Fungi 건조내성균

건조한 환경을 견디는 종이라는 뜻이다. 건조내성균은 대부분 균근균으로, 파트너가 되어줄 뿌리를 만나기 위해 건조한 흙 또는 사막의 모래 속으로 깊숙이 뻗어내려간다.

사막먹물버섯*Podaxis pistillaris*, 사막먼지버섯류*Battarrea, Tulostoma* spp., 사막 트러플, 모래언덕에 사는 버섯 몬타그네아 아레나리아*Montagnea arenaria*, 별 모양 팔이 달린 먼지버섯*Astraeus hygrometricus* 등이 건조내성균에 속한다. 먼지버섯은 날씨가 건조할 때는 팔을 오므리고 있다가 습해지면 활짝 벌린다.

이들보다 덜 눈에 띄는 건조내성균들은 그다지 유쾌한 인상으로 기억될 만한 주인공들이 아니다. 집먼지에 붙어사는 균을 생각해보자. 집먼지에 붙어살면서 음식 찌꺼기를 놓고 박테리아와 경쟁한다. 음식물이 오래 보관되어 있을수록, 보관 용기가 잘게 나뉘어 있을수록 좋다. 투탕카멘의 무덤 속에서 왕의 미이라와 함께 부장되었던 음식물에 붙어살며 2,000년을 견딘 누룩곰팡이도 있었다. 이 누룩곰팡이가 바로 그 유명한 '투탕카멘의 저주'의 원인이었다. 균학자 브라이스 켄드릭은 누룩곰팡이를 '아마도 모든 유기체 중에서 가장 강한 건조내성을 가졌을 것'이라고 평가했다.

더 찾아보기: 사막 트러플, 투탕카멘의 저주, 음식 곰팡이

고대 이집트인들은 오시리스 신이
인간의 삶을 풍요롭게 만들기 위해
인간에게 효모를 주었다고 믿었다.

Yeasts 효모

100개 이상의 속으로 분류되며 발아나 분열로 번식하는 단세포균. 사람의 맨눈으로도 거의 모든 효모를 볼 수 있다. 안톤 판 레벤후크^{Anton van Leeuwenhoek}가 복합현미경을 고안해서 가장 처음 관찰한 유기체가 아마도 효모였을 것이다.

유전학자들은 효모를 아주 좋아한다. 실험실에서 아주 쉽게 배양할 수 있기 때문이다. 양조업자들도 효모를 좋아한다. 효모를 써서 술을 만들기 때문이다. 효모는 이미 8,000년 전부터 인간이 술을 만드는 데 쓰여왔다. 제빵업자들이 쓰는 빵효모 역시 술을 만드는 효모 못지않게 오래전부터 쓰여왔다. 빵효모는 빵 반죽 속의 당분을 먹고 이산화탄소 방울을 토해내 반죽을 부풀린다. 고대 이집트인들은 오시리스 신이 인간의 삶을 풍요롭게 만들기 위해 인간에게 효모를 주었다고 믿었다.

사람들도 효모를 좋아하지만, 효모도 사람을 좋아한다. 소위 마이코바이옴[89]이라 불리는 진균총 가운데 하나인 트리코스포론 잉킨^{Trichosporon inkin}은 음모, 속눈썹과 눈썹에서 자란다.

칸디다 알비칸스는 기회감염을 일으키는 효모로서, 사람의 구강과 결장, 생식기에 감염을 일으킨다. 최근에 발견된 효모인 칸디다 아우리스^{Candida auris}는 항생제 내성을 지니고 있기 때문에 감

---

89) mycobiome: 우리 몸속의 박테리아(microbiome)를 말한다.

염되면 치명적일 수 있다.

많은 수의 효모가 흙 속에서, 남극 대륙의 건조한 호수에서 살고 있다. 균의 적응력은 정말 끝이 없다.

더 찾아보기: 미세균

Z

감염된 개미는 이내 진짜 좀비처럼
앞뒤로 몸을 흔들거리다가
가까운 곳에 있는 나무를 기어오르기 시작한다.

Zombie Ants 좀비 개미

포식동충하초속, 주로 오피오코르디셉스 우니라테랄리스*Ophiocordyceps unilateralis*는 마치 꼭두각시 인형을 조종하는 인형술사처럼 자신에게 감염된 개미를 균사로 조종한다.

자낭균에 속하는 이 균들은 개미를 구분할 줄도 알아서, 어떤 종류의 개미냐에 따라 서로 다른 화학물질을 분비한다. 이들이 분비하는 화학물질은 개미의 중추신경계에 작용한다. 감염된 개미는 이내 진짜 좀비처럼 앞뒤로 몸을 흔들거리다가 가까운 곳에 있는 나무를 기어오르기 시작한다. 그러고는 나뭇잎이나 가지를 큰턱으로 꽉 물어버린다. 감염된 때부터 자실체가 만들어지기까지는 4일에서 10일 정도가 걸린다.

감염된 개미는 꼭 나무의 북쪽을 향한 면에서 턱을 고정시키는데, 그 높이도 반드시 최소한 지상에서 30센티미터 정도 올라가 자리 잡는다. 기온도 섭씨 20도에서 30도 사이라야 한

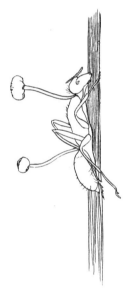

감염된 개미는 나무의 북쪽을 향한 면에서 턱을 고정시킨다.

다. 그리고 시간은 거의 정확하게 낮 12시다. 이렇게 철저하도록 정확하게 시간과 장소를 지키는 이유는 아마도 균의 자실체 바로 아래에 있는, 개미들이 지나다니는 길목에 포자를 뿌려서 개미를 좀비로 만드는 과정이 자동으로 반복되도록 만들기 위해서일 것이다.

기주의 각피를 제거하는 효소를 분비하는 동충하초는 개미 외에도 메뚜기, 거미, 딱정벌레, 매미(꽁무니가 거의 동충하초의 포자 덩어리로 변해버린다) 등 여러 절지동물을 공격한다. 개미의 경우에는 기주의 근육은 공격하지만 뇌는 건드리지 않는 것으로 보인다. 따라서 동충하초에 감염된 개미는 뇌가 말짱하게 살아 있는 채로 자신이 죽어가고 있음을 느끼는 것이다.

더 찾아보기: 동충하초, 파리분절균

Zygomycetes 접합균류

균사의 접합으로 번식하는 균류를 말한다. 서로 접합된 균사의 가운데 포자가 생성된다. 학명 Zygomycetes는 '이음쇠'라는 뜻의 그리스어 'zygos'에서 왔으니 아주 잘 어울리는 이름이다. 접합균류는 매우 다양성이 커서 형태적으로 공통점을 찾기 힘들다. 어떤 종은 유성생식, 어떤 종은 무성생식이어서 포자를 생성하는 방법도 제각각이다.

털곰팡이목*Mucorales* 접합균은 죽은 유기체를 분해하고, 필로볼

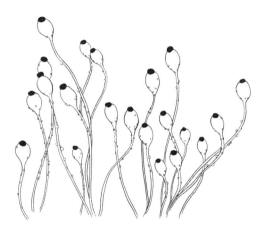

필로볼루스 접합균은 배설물에서 자란다.

루스속*Pilobolus* 접합균은 배설물에서 자란다. 트리코미세스류^{Tricho-}

mycetes는 절지동물의 장에서 살면서 기주가 소화시킨 먹이를 먹

고 자란다. 빵곰팡이라고도 불리고 회색 솜털 덩어리 같은 리조

푸스 스톨로니페르*Rhizopus stolonifer*와 파리분절균도 접합균이다. 엔

도고네 피시포르미스*Endogone pisiformis*는 대부분 이끼에 기생하며 트

러플과 헷갈릴 만큼 비슷하게 생긴 자실체를 만든다.

  균을 상업적으로 이용한 모두부⁹⁰⁾는 접합균 무코르 라세모수

스*Mucor racemosus*로 콩을 발효시킨 것이고, 템페는 리조푸스속*Rhizopus*

90) 毛豆腐: 두부를 소금물에 숙성시켜 만드는 중국의 발효 식품—옮긴이.

의 균으로 콩을 발효시켜 만든다. 상업적인 이용의 범위를 벗어나면, 털곰팡이속과 리조푸스속의 균은 인간에게도 정맥동, 부비동 등에 감염을 일으키는데, 이 감염은 종종 뇌까지 확산된다.

접합균문^{Zygomycota}은 최근에 두 개의 문, 털곰팡이문^{Mucoromycota}과 포충균문^{Zoopagomycota}으로 분리되었는데, 대부분의 균학자는 아직도 '접합균문'이라는 용어를 쓰고 있으므로 『Pedia A-Z: 버섯』에서도 그 용어를 썼다는 사실을 밝혀둔다.

더 찾아보기: 적갈색애주름버섯곰팡이, 파리분절균

글을 마치며

균은 매우 놀라운 유기체다. 그러나 우리가 균에 대해 아는 것은 너무나 적다. 예를 들어, 왜 어떤 균은 노란색인데 다른 균은 빨간색이고, 또 다른 균은 흰색이거나 보라색일까? 그렇게 서로 다른 색깔들은 곤충을 유인하기 위한 걸까, 아니면 곤충을 뿌리치기 위한 메시지일까? 어쩌면 그 색깔은 단지 균사가 퍼뜨리는 화학물질이 내는 색일지도 모른다. 의문은 또 있다. 왜 어떤 버섯은 사람의 정신에 작용하는 걸까? 사람이 흥분을 느낀다고 버섯도 희열을 느끼는 건 아닐 텐데 말이다.

정말로 이런 질문들에는 답이 없다, 아직은. 균학은 상대적으로 젊은 학문이다. 그리고 균은(의인화 주의!) 자신들의 비밀을 공개하기 전에 자신들이 좀더 성숙해지기를 기다리고 있는지도 모른다.

그러나 이 책 『Pedia A-Z: 버섯』의 목적은 책의 주제 주변에 의문 부호만 잔뜩 쌓아놓겠다는 것이 아니라 오히려 그 반대. 이 책을 쓴 목적은 독자들에게 균에 대한 기본적인 지식을 제공해 독자들이 좋은 균이든 나쁜 균이든 모든 균에게 골고루, 경이에 찬 시선을 돌리도록 만드는 것이다.

감사의 말

몇 년에 걸쳐 균학에 대한 지식으로 나에게 도움을 주신 아래의 분들께 감사 인사를 드린다. 로버트 블랜싯Robert Blanchette, 브릿 버냐드Britt Bunyard, 존 도슨John Dawson, 프랭크 듀건Frank Dugan, 구드리둘 귀다 에이욜프스도티르Guðriður Gyða Eyjólfsdóttir, 짐 긴스Jim Ginns, 수전 골도어Susan Goldhor, 데이비드 히벳David Hibbett, 티나 호프먼Tina Hofmann, 이보나 카우트마노바Ivona Kautmanova, 케리 쿤드센Kerry Knudsen, 리처드 코프Richard Korf, 게리 린코프Gary Lincoff, 진 롯지Jean Lodge, 데이비드 맬록David Malloch, 니콜러스 머니Nicholas Money, 톰 머레이Tom Murray, 캐런 나카소네Karen Nakasone, 빌 닐Bill Neill, 투오모 니멜라Tuomo Niemela, 앤젤 니에베스리베라Angel Nieves-Rivera, 브라이언 페리Brian Perry, 도널드 피스터Donald Pfister, 로버트 파일Robert Pyle, 존 라이스먼Jon Reisman, 샘 리스티치Sam Ristich, 잭 로저스Jack Rogers, 데이비드 로스David Rose, 리프 리바든Leif Ryvarden, 폴 새도우스키Paul Sadowski, 엘리오 셰흐터Elio Schaechter, 메리 시어스Mary Sears, 폴 스태미츠Paul Stamets, 얀 톤힐Jan Thornhill, 캐롤 토슨Carol Towson, 앤드루스 보이트Andrus Voitk, 톰 볼크Tom Volk, 조셉 와펠Joseph Warfel, 하버드의 팔로 식물 표본실. 프린스턴대학교 출판부의 뛰어난 편집자 로버트 커크Robert Kirk, 노련한 카피라이터 로렐 앤더턴Laurel Anderton에게도 감사드린다. 수많은 익명의 독자에게도 감사를 드린다.

참고 자료

Ainsworth, Geoffrey Clough, *Dictionary of the Fungi*, Commonwealth Mycological Institute, 1971.

Arora, David, *Mushrooms Demystified*, Ten Speed Press, 1986.

Benjamin, Denis, *Mushrooms: Poisons and Panaceas*, W.H. Freeman, 1995.

Christensen, Clyde M., *The Molds and Man: An Introduction to Fungi*, University of Minnesota, 1951.

Dugan, Frank, *A Conspectus of World Ethnomycology*, American Phytopathological Society, 2011.

Findlay, W.P.K., *Fungi: Folklore, Fiction, and Fact*, Mad River Press, 1982.

Hudler, George, *Magical Mushrooms, Mischievous Molds*, Princeton University Press, 1998.

Kendrick, Bryce, *The Fifth Kingdom*, Focus, 2017.

Letcher, Andy, *Shroom: A Cultural History of the Magic Mushroom*, Ecco, 2007.

McNeil, Raymond, *Le grande livre des champignons du Quebec et de l'est du Canada*, Éditions Michel Quintin, 2006.

Money, Nicholas, *Mushroom*, Oxford University Press, 2011.

Moore, David, *Slayers, Saviours, Servants, and Sex: An Expose of Kingdom Fungi*, Springer, 2001.

Moore-Landecker, *Elizabeth, Fundamentals of the Fungi*, Prentice-Hall, 1982.

Mueller, Gregory, Gerald Bills, and Mercedes Foster eds., *Biodiversity of Fungi*, Elsevier Academic Press, 2004.

Petersen, Jens H., *The Kingdom of Fungi*, Princeton University Press, 2013.

Piepenbring, Meike, *Introduction to Mycology in the Tropics*, American Phytopathological Society, 2015.

Riedlinger, Thomas J. ed., *The Sacred Mushroom Seeker*, Timber Press, 1997.

Rogers, Robert, *The Fungal Pharmacy*, North Atlantic Books, 2011.

Schaechter, Elio, *In the Company of Mushrooms*, Harvard University Press, 1997.

Sinclair, Wayne, and Howard Lyon, *Diseases of Trees and Shrubs*, Cornell University Press, 2005.

Spooner, Brian, and Peter Roberts, *Fungi*, Collins, 2005.

Stamets, Paul, *Mycelium Running: How Mushrooms Can Save the World*, Ten Speed Press, 2005.

Stephenson, Stephen, *The Kingdom Fungi*, Timber Press, 2010.

Wasson, V.P. and R.G. Wasson, *Mushrooms, Russia, and History*, Pantheon Books, 1957.

버섯은 인간의 일상과 가장 가까운 생물

· 옮긴이의 말

미국의 생물학자 휘태커Robert Harding Whittaker, 1920~80는 지구상의 모든 생물을 다섯 가지의 계(界)로 구분하는 5계설을 주장했습니다. 동물계, 식물계, 균계, 원생생물계, 원핵생물계입니다. 우리는 일상에서 접하는 생물체들이 동물과 식물 중 어디에 속하는지는 직관적으로 알 수 있습니다. 하지만 균부터 그 옆의 두 가지에 이르러서는 망설이게 됩니다.

휘태커가 '균계'를 독립시켜야 한다고 주장한 1969년 이전은 물론이고 그후에도 오랫동안 균은 식물계의 군더더기 취급을 받았습니다. 하지만 균은 오히려 동물에 가깝습니다. 휘태커가 균을 원핵생물이나 원생생물로부터 분리해야 한다고 생각한 중요한 이유도 균에게 '생물의 사체를 분해해 영양분을 얻는 능력'이 있다는 점이었습니다. 다시 말해 균은 식물처럼 광합성을 해서 탄수화물을 얻지 않습니다. 동물처럼 다른 생명체의 사체를 먹이로 삼습니다. 다만, 사람을 비롯한 동물들처럼 먹이를 입에 넣고 우적우적 씹어 삼켜 내장에서 소화시키는 것이 아니라, 먹잇감을 '분해해서' 그 영양분만 섭취하는 게 다릅니다.

균이 우리에게 중요한 이유는 바로 이 '분해 능력'입니다. 우리가 석유나 가스 같은 화석연료의 덕을 볼 수 있는 이유는, 아주아주 먼 옛날에는 균에게 목질 섬유인 '리그닌'(lignin)을 분해할 능력이 없었기 때문입니다. 나무가 죽어 땅에 파묻힌 후에도 분해되지 않고 남은 목질부가 석유가 되고 가스가 된 것이거든요. 그런데 세월이 흐르면서 균들도 리그닌을 분해할 방법을 터득했습니다. 그래서 이제는 아무리 많은 나무를 땅속에 깊이 묻어두어도 더 이상 석유는 생겨나지 않을 겁니다.

우리가 버린 플라스틱 쓰레기가 땅에서는 산더미를 이루고 바다에서는 플라스틱의 섬을 이루어 떠다닌다고 하지요? 그건 균이 아직 플라스틱을 분해하는 방법을 찾아내지 못했기 때문입니다. 하지만 최근 들어 플라스틱을 분해하는 균들이 발견되고 있다고 하니, 언젠가는 플라스틱 산더미도 사라질 날이 올지도 모릅니다. 그 분해의 산물로 인류에게 또 다른 연료를 선물할지도 모르지요.

사실 우리가 버섯 샤브샤브, 버섯탕, 버섯전 등으로 맛있게 먹는 버섯도 균의 일종이고, 소화를 돕기 위해 섭취하는 유산균도 균입니다. 물론 손톱만큼만 떼어 먹어도 생명이 왔다 갔다 하는 독버섯도 균이기는 합니다. 우리 눈에 보이는 균인 버섯은 사실 인류 최후의 식량이 될 수도 있습니다. 내전으로 먹을 것이 없는 나라의 난민들이 파괴된 건물의 지하에서 버섯을 길러 연명하기도 하니까요. 저자가 균계의 대표 주자로 삼아 버섯을 소개하기로 한 것도 아마 버섯이 인간의 일상에 가장 가까운 균이기 때문일 겁니다.

균의 세계에서 인간이 들여다본 부분은 극히 작은 부분에 불과합니다. 아직도 많은 것이 밝혀지지 않았습니다. IT계의 인공지능처럼 균학은 생물계의 첨단 분야입니다. 이 책을 통해 많은 독자들이 균, 버섯과 조금 더 친숙해지고 더 많은 호기심을 갖게 되었길 바랍니다.

2024년 6월
김은영

한글 찾아보기 (ㄱ~ㅎ)

Pedia A-Z 버섯

지은이 로렌스 밀먼
그린이 에이미 진 포터
옮긴이 김은영
펴낸이 김언호

펴낸곳 (주)도서출판 한길사
등록 1976년 12월 24일 제74호
주소 10881 경기도 파주시 광인사길 37
홈페이지 www.hangilsa.co.kr
전자우편 hangilsa@hangilsa.co.kr
전화 031-955-2000~3 **팩스** 031-955-2005

부사장 박관순 **총괄이사** 김서영 **관리이사** 곽명호
영업이사 이경호 **경영이사** 김관영 **편집주간** 백은숙
편집 박홍민 배소현 박희진 노유연 이한민 임진영
마케팅 정아린 이영은 **관리** 이주환 문주상 이희문 원선아 이진아
디자인 창포 031-955-2097
인쇄 신우 **제책** 신우

제1판 제1쇄 2024년 7월 15일

값 22,000원

ISBN 978-89-356-7877-8 03470
• 잘못 만들어진 책은 구입하신 서점에서 바꿔드립니다.